개념과 원리를 다지고
계산력을 키우는

왕수학

개념+연산

대한민국 수학학력평가의 새로운 기준!!

KMA
한국수학학력평가

| **시험일자** **상반기** | 매년 6월 셋째주
하반기 | 매년 11월 셋째주

| **응시대상** **초등 1년 ~ 중등 3년** (미취학생 및 상급학년 응시 가능)

| **응시방법** **KMA 홈페이지 접수 또는 각 지역별 학원접수처 방문 접수**
성적우수자 특전 및 시상 내역 등 기타 자세한 사항은 KMA 홈페이지를 참조하세요.

홈페이지 바로가기
(www.kma-e.com)

▶ 본 평가는 100% 오프라인 평가입니다.

주최 | 한국수학학력평가연구원   **주관** | ✔ (주)에듀왕

개념과 원리를 다지고
계산력을 키우는

왕수학

개념+연산

구성과 특징

┃왕수학의 특징

1. **왕수학 개념+연산** → **왕수학 기본** → **왕수학 실력** → **점프 왕수학 최상위** 순으로 단계별·난이도별 학습이 가능합니다.

2. 개정교육과정 100% 반영하였습니다.

3. 기본 개념 정리와 개념을 익히는 기본문제를 수록하였습니다.

4. 문제 해결력을 키우는 다양한 창의사고력 문제를 수록하였습니다.

5. 논리력 향상을 위한 서술형 문제를 강화하였습니다.

STEP **3**

원리척척

계산력 위주의 문제를 반복
연습하여 계산 능력을 향상
시킵니다.

STEP **2**

원리탄탄

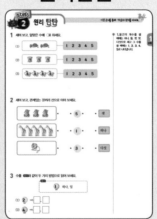

기본 문제를 풀어 보면서 개념
과 원리를 튼튼히 다집니다.

STEP **1**

원리꼼꼼

교과서 개념과 원리를 각 주제
별로 익히고 원리 확인 문제를
풀어보면서 개념을 이해합니다.

왕수학
기본

STEP **5**

단원평가

단원별 대표 문제를 풀어서
자신의 실력을 확인해 보고
학교 시험에 대비합니다.

STEP **4**

유형콕콕

다양한 문제를 유형별로 풀어
보면서 실력을 키웁니다.

차례 | Contents

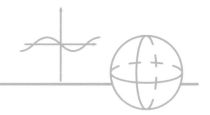

step 1 원리 꼼꼼

1. 1, 2, 3, 4, 5 알아보기

✿ 1, 2, 3, 4, 5 알아보기

🐯	○	1	하나, 일
🦊🦊	○○	2	둘, 이
🐰🐰🐰	○○○	3	셋, 삼
🐢🐢🐢🐢	○○○○	4	넷, 사
🐭🐭🐭🐭🐭	○○○○○	5	다섯, 오

원리 확인 1 관계있는 것끼리 선으로 이어 보세요.

 ·

 ·

 ·

 ·

 ·

· 4

· 2

· 1

· 3

· 5

원리 확인 2 세어 보고, 바르게 읽은 것에 ○표 하세요.

(1) (하나 둘 셋 넷 다섯)

(2) (하나 둘 셋 넷 다섯)

1 세어 보고, 알맞은 수에 ○표 하세요.

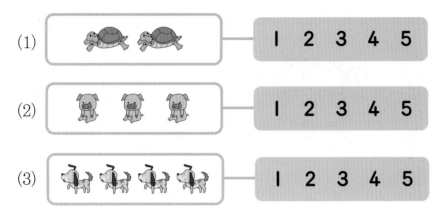

(1)   1 2 3 4 5

(2)   1 2 3 4 5

(3)   1 2 3 4 5

1. 물건의 개수를 셀 때에는 하나, 둘, 셋, 넷, 다섯으로 세고 그 수를 쓸 때에는 1, 2, 3, 4, 5로 나타냅니다.

1 단원

2 세어 보고, 관계있는 것끼리 선으로 이어 보세요.

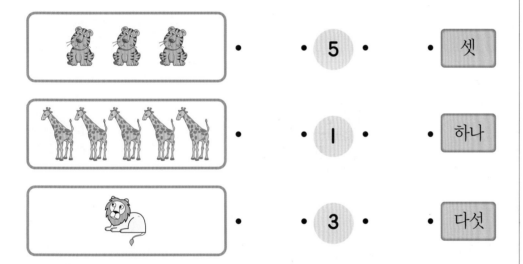

•   • 5 •   • 셋

•   • 1 •   • 하나

•   • 3 •   • 다섯

3 수를 보기와 같이 두 가지 방법으로 읽어 보세요.

보기

1   하나, 일

(1) 2 → ☐ , ☐

(2) 4 → ☐ , ☐

step 3 원리 척척

🍂 관계있는 것끼리 선으로 이어 보세요. [1~5]

1  ·   ·  ·   · 다섯,오

2 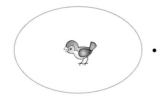 ·   ·  ·   · 셋,삼

3 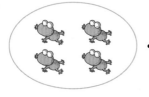 ·   ·  ·   · 둘,이

4  ·   ·  ·   · 넷,사

5  ·   ·  ·   · 하나,일

왼쪽 과일의 수를 세어 그 수를 써 보고, 두 가지 방법으로 읽어 보세요. [6~10]

6  쓰기 ➡ [　]   읽기 ➡ [　] 또는 [　]

7  쓰기 ➡ [　]   읽기 ➡ [　] 또는 [　]

8  쓰기 ➡ [　]   읽기 ➡ [　] 또는 [　]

9 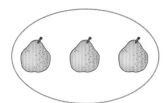 쓰기 ➡ [　]   읽기 ➡ [　] 또는 [　]

10 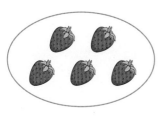 쓰기 ➡ [　]   읽기 ➡ [　] 또는 [　]

step 1 원리 꼼꼼

2. 6, 7 알아보기

❀ 6, 7 알아보기

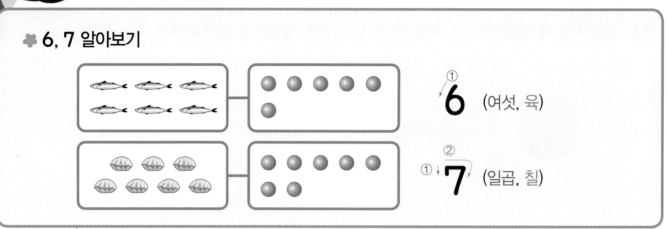

6 (여섯, 육)

7 (일곱, 칠)

원리 확인 1

상연이가 가족들과 바다에 갔습니다. 바닷가에 꽃게와 불가사리가 있습니다. 꽃게와 불가사리의 수를 세어 보세요.

(1) 꽃게의 수만큼 ○를 그리고, □ 안에 수를 쓰세요.

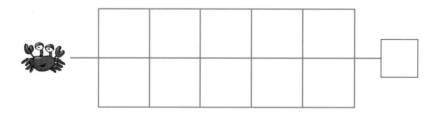

(2) 불가사리의 수만큼 ○를 그리고, □ 안에 수를 쓰세요.

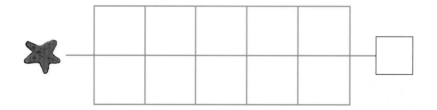

1 자동차의 수를 세어 보고, 알맞은 수에 ○표 하세요.

3   5   7
   4   6

● **1.** 수를 셀 때는 하나, 둘, 셋, 넷, 다섯, 여섯, 일곱, …으로 셉니다.

1
단원

2 관계있는 것끼리 선으로 이어 보세요.

　　·　　· 여섯 ·　　· 7

　　·　　· 일곱 ·　　· 6

3 수만큼 색칠하세요.

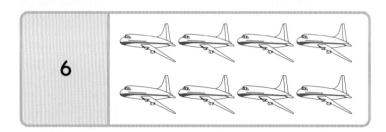

6

● **3.** 6이 나타내는 수만큼 색칠합니다.

4 주어진 수만큼 세어보고 ⬭로 묶어 보세요.

(1) **6**

(2) **7**

step 1 원리 꼼꼼

3. 8, 9 알아보기

❀ 8, 9 알아보기

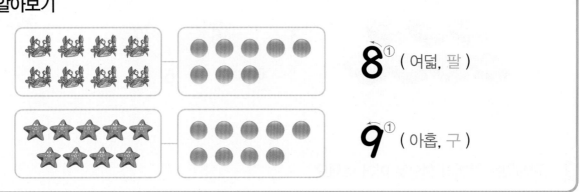

원리 확인 ① 예슬이는 가족들과 수족관에 갔습니다. 수족관에는 열대어와 해파리가 있습니다. 열대어와 해파리의 수를 세어 보세요.

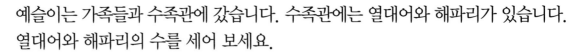

(1) 열대어의 수만큼 ○를 그리고, □ 안에 수를 쓰세요.

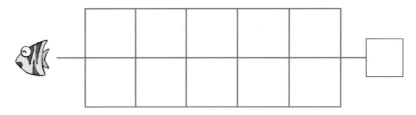

(2) 해파리의 수만큼 ○를 그리고, □ 안에 수를 쓰세요.

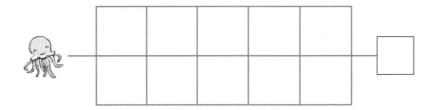

1 관계있는 것끼리 선으로 이어 보세요.

● **1.** 물고기의 수를 하나, 둘, 셋, …, 아홉까지 세어 봅니다.

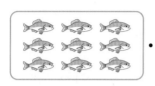

2 세어 보고, 알맞은 수에 ○표 하세요.

(1)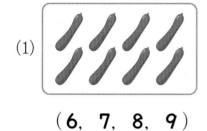

(6, 7, 8, 9)

(2)

(6, 7, 8, 9)

● **2.** 여섯 ➡ **6**
일곱 ➡ **7**
여덟 ➡ **8**
아홉 ➡ **9**

3 주어진 수만큼 ×표 하세요.

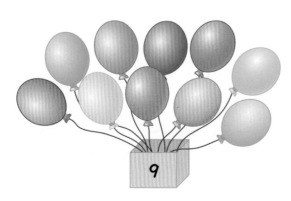

● **3.** **9**가 나타내는 수만큼 ×표 합니다.

1 그림을 보고 □ 안에 알맞은 수를 써넣어 이야기를 완성해 보세요.

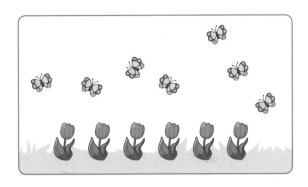

꽃밭에 꽃 □송이와

나비 □마리가 있습니다.

🍂 알맞은 것끼리 선으로 이어 보세요. [2~5]

2 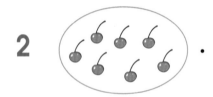 ·   ·  ·   · 8

3 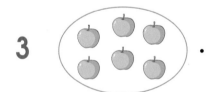 ·   ·  ·   · 7

4 ·   · ·   · 6

5 ·   ·  ·   · 9

보기 와 같이 알맞은 수에 ◯표 하세요. [6~11]

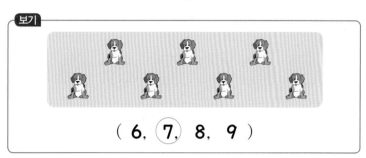

(6, ⑦, 8, 9)

6

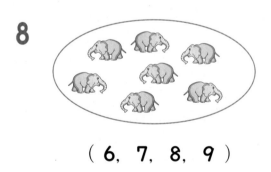

(6, 7, 8, 9)

7

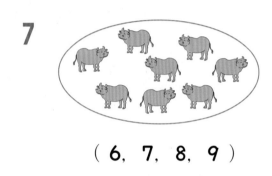

(6, 7, 8, 9)

8

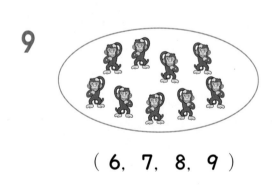

(6, 7, 8, 9)

9

(6, 7, 8, 9)

10

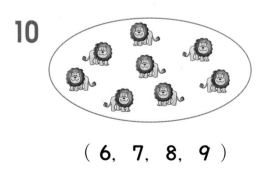

(6, 7, 8, 9)

11

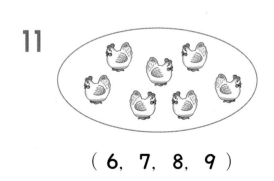

(6, 7, 8, 9)

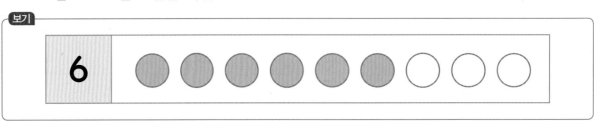

보기 와 같이 주어진 수만큼 색칠하세요. [12~15]

보기

| 6 | ● ● ● ● ● ● ○ ○ ○ |

12

| 8 | □ □ □ □ □ □ □ □ □ |

13

| 6 | △ △ △ △ △ △ △ △ △ |

14

| 7 | ◇ ◇ ◇ ◇ ◇ ◇ ◇ ◇ ◇ |

15

| 9 | ○ ○ ○ ○ ○ ○ ○ ○ ○ |

1
단원

🍂 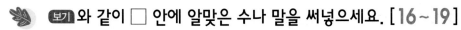보기와 같이 □ 안에 알맞은 수나 말을 써넣으세요. [16~19]

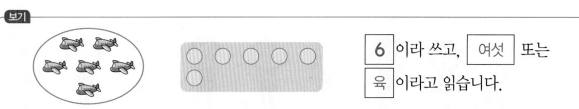
보기
$\boxed{6}$ 이라 쓰고, $\boxed{여섯}$ 또는
$\boxed{육}$ 이라고 읽습니다.

16

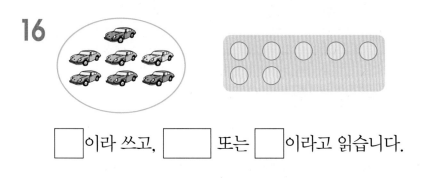

☐ 이라 쓰고, ☐ 또는 ☐ 이라고 읽습니다.

17

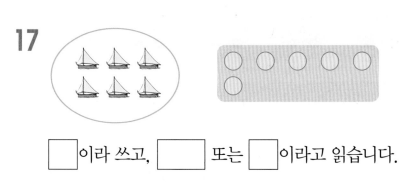

☐ 이라 쓰고, ☐ 또는 ☐ 이라고 읽습니다.

18

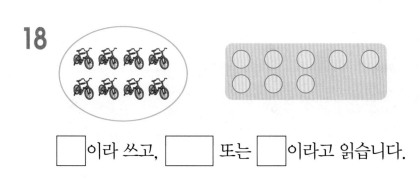

☐ 이라 쓰고, ☐ 또는 ☐ 이라고 읽습니다.

19

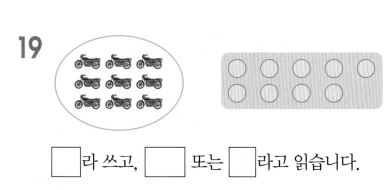

☐ 라 쓰고, ☐ 또는 ☐ 라고 읽습니다.

원리 꼼꼼

4. 수의 순서 알아보기

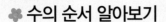

🍀 수의 순서 알아보기

첫째	둘째	셋째	넷째	다섯째	여섯째	일곱째	여덟째	아홉째
1	2	3	4	5	6	7	8	9

원리 확인 ① 순서에 맞게 빈 곳에 알맞은 수를 써넣으세요.

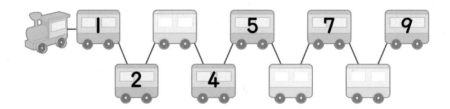

원리 확인 ② 동물들이 다음과 같은 순서로 달리고 있습니다. 수로 순서를 나타내고 알맞은 말을 찾아 ○표 하세요.

〈앞〉

1 2 □ □ □ □ 7 8 □

(1) 앞에서 첫째로 달리는 동물은 (거북, 달팽이, 호랑이)입니다.

(2) 앞에서 다섯째로 달리는 동물은 (기린, 돼지, 사자)입니다.

(3) 앞에서 일곱째로 달리는 동물은 (원숭이, 오리, 토끼)입니다.

기본 문제를 통해 개념과 원리를 다져요.

1 왼쪽에서부터 세어 알맞게 색칠해 보세요.

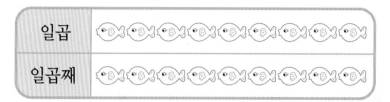

일곱	
일곱째	

1. 일곱은 수를 말하는 것이고, 일곱째는 순서를 말하는 것입니다.

2 수를 순서에 맞게 이어 보세요.

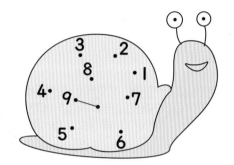

2. I부터 차례로 수의 순서에 맞게 이어 봅니다.

3 모자를 순서대로 늘어놓았습니다. □ 안에 알맞은 말을 써넣으세요.

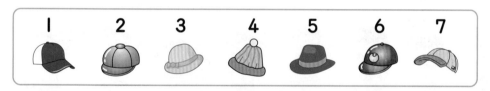

I	2	3	4	5	6	7

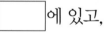 는 왼쪽에서 [ ]에 있고, 는 왼쪽에서 [ ]에 있습니다.

3. 순서를 수로 어떻게 나타내는지 생각해 봅니다.

4 알맞게 이어 보세요.

위에서 넷째 ·

위에서 여섯째 ·

아래에서 셋째 ·

아래에서 아홉째 ·

〈위〉

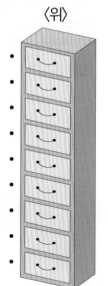

4. 위와 아래를 기준으로 넣어 순서를 말할 수 있습니다.

🍂 순서에 맞게 □ 안에 수를 써넣으세요. [1~5]

1

| 1 | 2 | | 4 | | 6 | | 8 | 9 |

2

| 9 | | 7 | | 5 | | 3 | 2 | 1 |

3

4

5

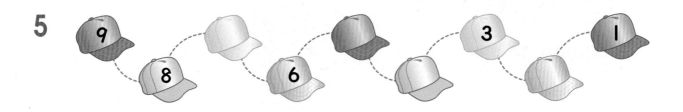

🍂 다음과 같이 놓인 쌓기나무를 보고 물음에 답하세요. [6~10]

빨간색 주황색 노란색 초록색 하얀색 회색 파란색 보라색 분홍색

6 초록색 쌓기나무는 왼쪽에서 몇째인가요?

(   )

7 보라색 쌓기나무는 오른쪽에서 몇째인가요?

(   )

8 오른쪽에서 셋째에 있는 쌓기나무는 어떤 색인가요?

(   )

9 왼쪽에서 첫째에 있는 쌓기나무는 어떤 색인가요?

(   )

10 노란색 쌓기나무는 몇째인가요?

왼쪽에서 (   ), 오른쪽에서 (   )

🍂 오른쪽에 쌓여 있는 책을 보고 알맞은 말에 ◯표 하세요. [11~15]

11 빨간색 책은 (위에서, 아래에서) 첫째입니다.

12 빨간색 책은 (위에서, 아래에서) 아홉째입니다.

13 초록색 책은 (위에서, 아래에서) 넷째입니다.

14 보라색 책은 (위에서, 아래에서) 셋째입니다.

15 파란색 책은 위에서 (넷째, 다섯째)이고 아래에서도 다섯째입니다.

5. 1만큼 더 큰 수와 1만큼 더 작은 수 알아보기

✤ **1만큼 더 큰 수와 1만큼 더 작은 수 알아보기**

0	1	2	3	4	5	6	7	8	9

- 수를 순서대로 늘어놓았을 때 바로 다음 수가 1만큼 더 큰 수이고 바로 앞의 수가 1만큼 더 작은 수입니다.
- 아무것도 없는 것을 0이라 쓰고, 영이라고 읽습니다.

원리 확인 ① ◯ 안의 수보다 1만큼 더 큰 수를 나타내는 것에 △표 하세요.

(1) **6**

(2) **8**

원리 확인 ② 그림을 보고, □ 안에 알맞은 수를 써넣으세요.

(1) 빵은 □ 개, 우유는 □ 개입니다.

(2) 빵 수는 우유 수보다 □ 개 더 많습니다.

➡ **6**은 **5**보다 □ 만큼 더 큰 수입니다.

(3) 우유 수는 빵 수보다 □ 만큼 더 작습니다.

➡ **5**는 **6**보다 □ 만큼 더 작은 수입니다.

기본 문제를 통해 개념과 원리를 다져요.

1 왼쪽 그림의 수보다 1만큼 더 큰 수를 나타내도록 색칠하세요.

(1)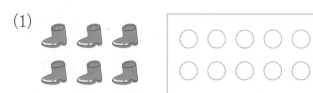

(2)

2 왼쪽 그림의 수보다 1만큼 더 작은 수를 나타내도록 색칠하세요.

(1)

(2)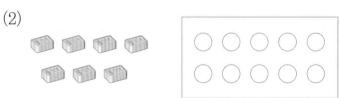

3 빈칸에 알맞은 수를 써넣으세요.

1만큼 더 작은 수   1만큼 더 큰 수

⬜ — ⑤ — ⬜

4 ☐ 안에 알맞은 수를 써넣으세요.

- 8보다 1만큼 더 작은 수는 ☐ 입니다.
- 7보다 1만큼 더 큰 수는 ☐ 입니다.

1.
(1) 장화의 개수보다 하나 더 많게 색칠합니다.

2.
(1) 아이스크림의 개수보다 하나 더 적게 색칠합니다.

1
단원

🌿 보기 와 같이 알맞은 수에 색칠하세요. [1~6]

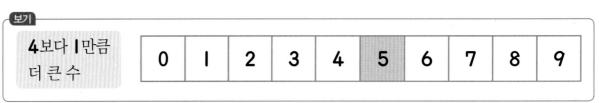

보기

| 4보다 1만큼 더 큰 수 | 0 | 1 | 2 | 3 | 4 | **5** | 6 | 7 | 8 | 9 |

1 2보다 1만큼 더 큰 수

| 0 | 1 | 2 | 3 | 4 | 5 | 6 | 7 | 8 | 9 |

2 5보다 1만큼 더 작은 수

| 0 | 1 | 2 | 3 | 4 | 5 | 6 | 7 | 8 | 9 |

3 6보다 1만큼 더 큰 수

| 0 | 1 | 2 | 3 | 4 | 5 | 6 | 7 | 8 | 9 |

4 3보다 1만큼 더 작은 수

| 0 | 1 | 2 | 3 | 4 | 5 | 6 | 7 | 8 | 9 |

5 7보다 1만큼 더 큰 수

| 0 | 1 | 2 | 3 | 4 | 5 | 6 | 7 | 8 | 9 |

6 1보다 1만큼 더 작은 수

| 0 | 1 | 2 | 3 | 4 | 5 | 6 | 7 | 8 | 9 |

🍂 왼쪽 그림의 수보다 **1**만큼 더 큰 수를 나타내도록 색칠하세요. [7~9]

7

8

9

🍂 왼쪽 그림의 수보다 **1**만큼 더 작은 수를 나타내도록 색칠하세요. [10~11]

10

11

🍂 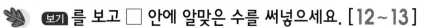 보기 를 보고 □ 안에 알맞은 수를 써넣으세요. [12~13]

보기

| I만큼 더 작은 수 | | I만큼 더 큰 수 |
| 4 | 5 | 6 |

12 □은 5보다 I만큼 더 큰 수입니다.

13 4는 □보다 I만큼 더 작은 수입니다.

🍂 ◯가 나타내는 수보다 I만큼 더 작은 수와 I만큼 더 큰 수를 써넣으세요. [14~19]

14 I 만큼 더 작은 수   I 만큼 더 큰 수

□ — 팔 — □

15 I 만큼 더 작은 수   I 만큼 더 큰 수

□ — 넷 — □

16 I 만큼 더 작은 수   I 만큼 더 큰 수

□ — 육 — □

17 I 만큼 더 작은 수   I 만큼 더 큰 수

□ — 삼 — □

18 I 만큼 더 작은 수   I 만큼 더 큰 수

□ — 칠 — □

19 I 만큼 더 작은 수   I 만큼 더 큰 수

□ — 일 — □

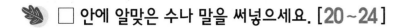 □ 안에 알맞은 수나 말을 써넣으세요. [20~24]

20

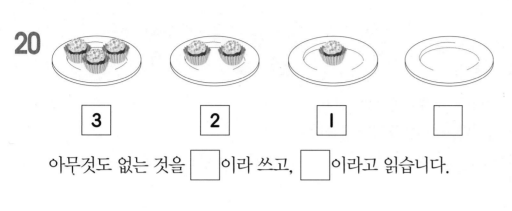

| 3 | 2 | 1 | □ |

아무것도 없는 것을 □이라 쓰고, □이라고 읽습니다.

21

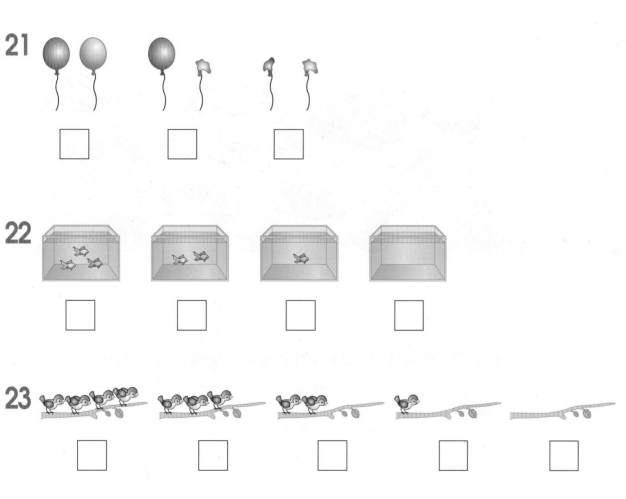

22

23

24

step 1 원리 꼼꼼

6. 수의 크기 비교하기

🌸 **수의 크기 비교하기**

감자는 고구마보다 많습니다. ➡ **7**은 **5**보다 큽니다.
고구마는 감자보다 적습니다. ➡ **5**는 **7**보다 작습니다.

• 양을 비교할 때에는 '많다', '적다'를 사용하고 수의 크기를 비교할 때에는 '크다', '작다'를 사용합니다.

원리 확인 물개와 돌고래의 수를 세어 보고, 두 수의 크기를 비교해 보세요.

(1) 물개는 ☐ 마리이고, 돌고래는 ☐ 마리입니다.

(2) 물개와 돌고래의 수만큼 △를 그리고 알맞은 말에 ○표 하세요.

🦭								
🐬								

① 물개는 돌고래보다 (많습니다, 적습니다).
 ➡ **6**은 **8**보다 (큽니다, 작습니다).

② 돌고래는 물개보다 (많습니다, 적습니다).
 ➡ **8**은 **6**보다 (큽니다, 작습니다).

기본 문제를 통해 개념과 원리를 다져요.

1 그림을 보고, ☐ 안에 알맞은 수를 써넣으세요.

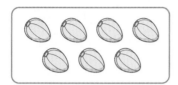 

(1) 참외는 ☐개, 딸기는 ☐개입니다.

(2) 참외는 딸기보다 많습니다.

➡ **7**은 ☐보다 큽니다.

(3) 딸기는 참외보다 적습니다.

➡ **6**은 ☐보다 작습니다.

● **1.** 참외와 딸기 수를 세어 보고, 두 수의 크기를 비교합니다.

2 더 큰 수에 ○표 하세요.

(1)
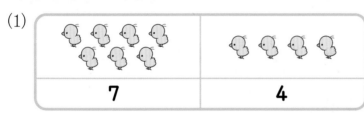

(2)

(3)
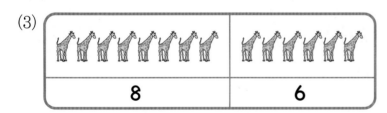

3 더 작은 수에 △표 하세요.

● **3.** 종이비행기 수가 더 적은 쪽에 △표 합니다.

5	8

🍂 같은 수에 색칠하고 ☐ 안에 알맞은 수를 써넣으세요. [1~5]

1 5 3 ① ② ③ ④ ⑤ ⑥ ⑦ ⑧ ⑨

☐ 은 ☐ 보다 작습니다.

☐ 는 ☐ 보다 큽니다.

2 4 8 ① ② ③ ④ ⑤ ⑥ ⑦ ⑧ ⑨

☐ 은 ☐ 보다 큽니다.

☐ 는 ☐ 보다 작습니다.

3 9 6 ① ② ③ ④ ⑤ ⑥ ⑦ ⑧ ⑨

☐ 은 ☐ 보다 작습니다.

☐ 는 ☐ 보다 큽니다.

4 4 1 ① ② ③ ④ ⑤ ⑥ ⑦ ⑧ ⑨

☐ 은 ☐ 보다 작습니다.

☐ 는 ☐ 보다 큽니다.

5 7 2 ① ② ③ ④ ⑤ ⑥ ⑦ ⑧ ⑨

☐ 은 ☐ 보다 큽니다.

☐ 는 ☐ 보다 작습니다.

더 큰 수에 ○표 하세요. [6~11]

6 7 4

7 6 9

8 5 8

9 9 8

10 4 6

11 7 6

더 작은 수에 △표 하세요. [12~17]

12 3 7

13 9 5

14 6 4

15 3 8

16 7 8

17 5 9

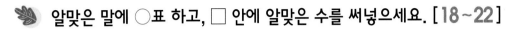
알맞은 말에 ◯표 하고, ☐ 안에 알맞은 수를 써넣으세요. [18~22]

18

는 보다 (많습니다, 적습니다).

☐ 는 ☐ 보다 작습니다.

19

는 보다 (많습니다, 적습니다).

☐ 는 ☐ 보다 큽니다.

20

은 보다 (많습니다, 적습니다).

☐ 는 ☐ 보다 작습니다.

21

는 보다 (많습니다, 적습니다).

☐ 은 ☐ 보다 작습니다.

22

은 보다 (많습니다, 적습니다).

☐ 은 ☐ 보다 큽니다.

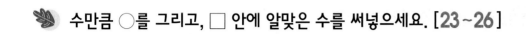

🍂 수만큼 ○를 그리고, □ 안에 알맞은 수를 써넣으세요. [23~26]

1
단원

23

4								
3								
7								

가장 큰 수 : ☐

24

2								
5								
6								

가장 작은 수 : ☐

25

8								
5								
l								

가장 큰 수 : ☐

26

3								
9								
2								

가장 작은 수 : ☐

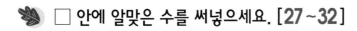 □ 안에 알맞은 수를 써넣으세요. [27~32]

27 4 9 6   가장 큰 수는 □입니다.

가장 작은 수는 □입니다.

28 5 2 3   가장 큰 수는 □입니다.

가장 작은 수는 □입니다.

29 6 4 7   가장 큰 수는 □입니다.

가장 작은 수는 □입니다.

30 8 9 3   가장 큰 수는 □입니다.

가장 작은 수는 □입니다.

31 6 1 7   가장 큰 수는 □입니다.

가장 작은 수는 □입니다.

32 8 0 5   가장 큰 수는 □입니다.

가장 작은 수는 □입니다.

🌿 □ 안에 알맞은 수를 써넣으세요. [33~37]

33 4 6 2 8

4보다 큰 수는 □, □입니다.

34 9 3 5 1

9보다 작은 수는 □, □, □입니다.

35 8 4 7 6 5

5보다 큰 수는 □, □, □입니다.

36 7 3 5 4 9

7보다 작은 수는 □, □, □입니다.

37 7 6 9 2 4

6보다 큰 수는 □, □입니다.

7보다 작은 수는 □, □, □입니다.

01 세어 보고, 알맞은 수에 ○표 하세요.

(6, 7, 8, 9)

02 왼쪽의 수만큼 ○를 그리세요.

03 세어 보고, □ 안에 알맞은 수를 써넣으세요.

(1)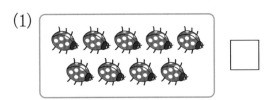

(2)

04 사과의 수를 두 가지 방법으로 읽어 보세요.

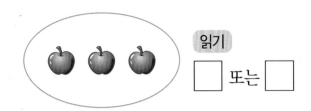

읽기

□ 또는 □

05 순서에 맞게 빈 곳에 알맞은 수를 써 넣으세요.

06 왼쪽에서부터 세어 순서에 맞는 물건에 ○표 하세요.

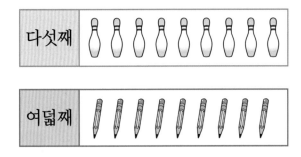

07 오른쪽에서 아홉째에 있는 것에 ○표 하세요.

08 순서에 맞게 빈 곳에 알맞은 말을 써 넣으세요.

다섯째 ─ □ ─ 일곱째 ─ □ ─ □

09 왼쪽 자동차의 수보다 하나 더 많도록 색칠하세요.

10 왼쪽 그림의 수보다 1만큼 더 작은 수에 ○표 하세요.

(**6** , **7** , **8** , **9**)

11 과자 수를 세어 □ 안에 써넣으세요.

12 빈칸에 알맞은 수를 써넣으세요.

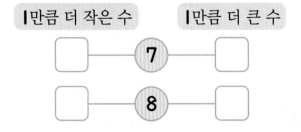

13 더 큰 수에 ○표 하세요.

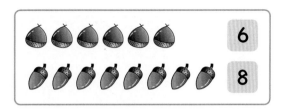

14 왼쪽의 수만큼 △를 그리고, 알맞은 말에 ○표 하세요.

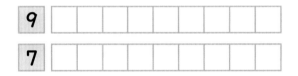

9는 **7**보다 (큽니다, 작습니다).

7은 **9**보다 (큽니다, 작습니다).

15 더 큰 수에 ○표 하세요.

(1)
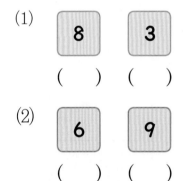

16 가장 작은 수에 △표 하세요.

(1)
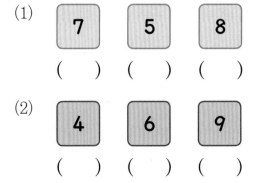

(2)

01 왼쪽 그림의 수만큼 ○에 색칠하고, 관계있는 것끼리 선으로 이어 보세요.

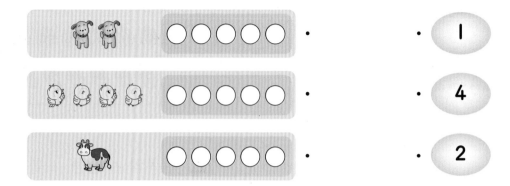

02 나타내는 수가 나머지 셋과 <u>다른</u> 것을 찾아 기호를 쓰세요.

㉠ 여섯   ㉡ 6

㉢ 일곱   ㉣ 육

(   )

03 하나만큼 더 많은 쪽에 ○표 하세요.

04 왼쪽에는 자동차 수보다 하나 더 적게 △를 그리고, 오른쪽에는 자동차 수보다 하나 더 많게 ○를 그려보세요.

05 □ 안에 알맞게 써넣으세요.

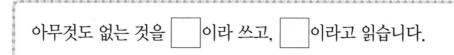

아무것도 없는 것을 □이라 쓰고, □이라고 읽습니다.

06 그림을 보고 □ 안에 알맞은 수를 써넣으세요.

고양이

〈앞〉 〈뒤〉

7 3 2 5 1 8 4 6 9

앞에서 첫째 칸에는 고양이가 타고 있고, 쓰여 있는 수는 **7**입니다.

앞에서 넷째 칸에 쓰여 있는 수는 □이고 뒤에서 셋째 칸에 쓰여 있는 수는 □입니다.

07 순서에 맞게 □ 안에 알맞은 말을 써넣으세요.

□   □   넷째 □   □   일곱째 □

08 왼쪽에서부터 세어 알맞게 색칠해 보세요.

여섯									
여섯째									

09 순서에 맞게 빈 곳에 알맞은 수를 써넣으세요.

(1)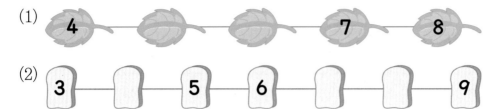

(2)

| 3 | | 5 | 6 | | | 9 |

10 빈칸에 알맞은 수를 써넣으세요.

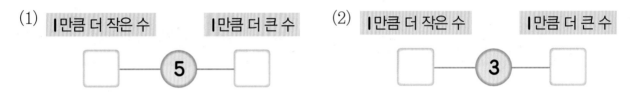

(1) I만큼 더 작은 수 　　 I만큼 더 큰 수　　(2) I만큼 더 작은 수 　　 I만큼 더 큰 수

11 주어진 수만큼 △를 그리고, 알맞은 말에 ○표 하세요.

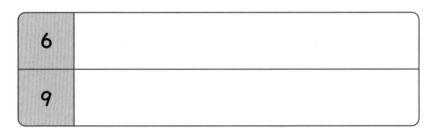

6은 9보다 (작습니다, 큽니다).

12 수를 보고, □ 안에 알맞은 수를 써넣으세요.

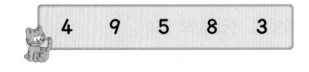

4　9　5　8　3

(1) 가장 큰 수는 □이고, 가장 작은 수는 □입니다.

(2) 8보다 작은 수는 □, □, □입니다.

여러 가지 모양

이번에 배울 내용

1 여러 가지 모양 찾아보기

2 여러 가지 모양 알아보기

3 여러 가지 모양 만들기

> ## 다음에 배울 내용

- ▲, ■, ●의 모양 이해하기
- 쌓기나무를 이용하여 여러 가지 입체도형의 모양 만들기
- 삼각형, 사각형, 원 이해하기

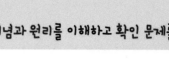

step 1 원리 꼼꼼

1. 여러 가지 모양 찾아보기

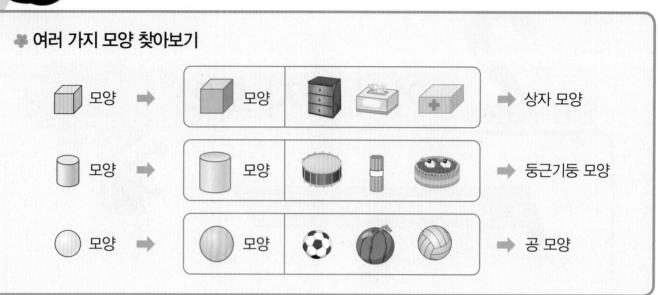

**원리 확인 ① ** 왼쪽과 같은 모양의 물건을 찾아 ○표 하세요.

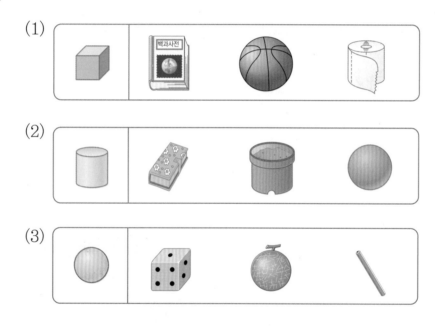

(1)

(2)

(3)

**원리 확인 ② ** 다음 물건의 모양은 어떤 모양인지 ○표 하세요.

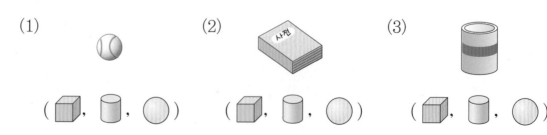

(1)   (2)   (3)

1 📦 모양에 □표, 🛢 모양에 △표, ⚪ 모양에 ○표 하세요.

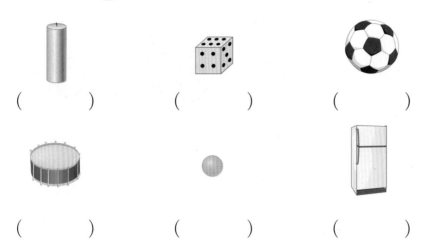

(   )   (   )   (   )

(   )   (   )   (   )

2 같은 모양끼리 선으로 이어 보세요.

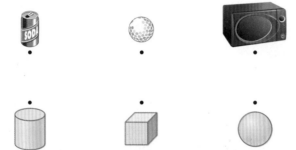

3 그림을 보고, □ 안에 알맞은 수를 써넣으세요.

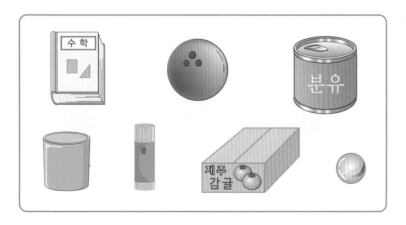

(1) 📦 모양은 모두 ☐ 개입니다.

(2) 🛢 모양은 모두 ☐ 개입니다.

(3) ⚪ 모양은 모두 ☐ 개입니다.

3. 먼저 물건의 모양이
📦 모양, 🛢 모양, ⚪
모양 중 어떤 모양인지
알아봅니다.

1 각각의 모양의 물건을 찾아 기호를 쓰세요.

㉮ ㉯ ㉰ ㉱ ㉲

(1) 모양 ························· ( )

(2) 모양 ························· ( )

(3) 모양 ························· ( )

🍂 왼쪽 물건과 같은 모양을 찾아 ○표 하세요. [2~4]

2

3

4

🍂 각각의 모양의 물건을 보기에서 모두 찾아 기호를 쓰세요. [5~7]

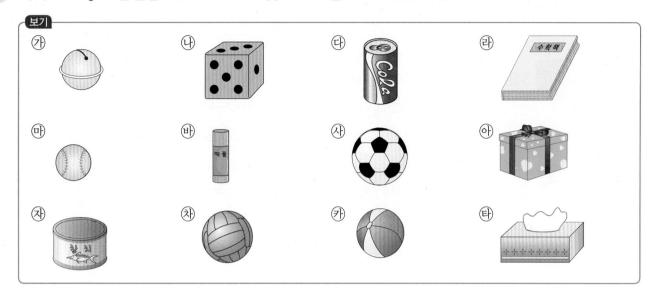

5 ⬛ 모양 ·························· (   )

6 ⬛ 모양 ·························· (   )

7 ⬤ 모양 ·························· (   )

8 보기에서 알맞은 모양을 찾아 (   ) 안에 기호를 쓰세요.

( ) 모양	
( ) 모양	
( ) 모양	

여러 가지 모양 알아보기

모양	• 평평한 부분과 뾰족한 부분이 있습니다. • 둥근 부분이 없어서 잘 굴러가지 않습니다. • 평평한 부분만 있어서 잘 쌓을 수 있습니다.
모양	• 둥근 부분도 있고 평평한 부분도 있습니다. • 둥근 부분이 있어서 눕히면 잘 굴러갑니다. • 평평한 부분이 있어서 세우면 잘 쌓을 수 있습니다.
모양	• 전체가 둥글게 되어 있습니다. • 모든 부분이 둥글어서 어느 방향으로 굴려도 잘 굴러갑니다. • 둥글어서 잘 쌓을 수 없습니다.

 원리 확인 1 여러 가지 모양을 같은 모양끼리 묶어 놓았습니다. □ 안에 알맞은 말을 써넣으세요.

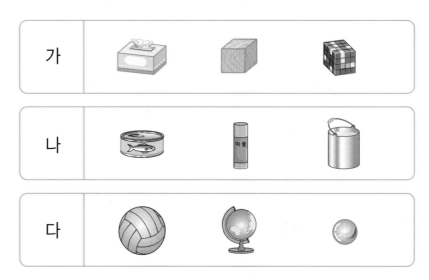

(1) 평평한 부분과 뾰족한 부분이 모두 있는 물건을 모은 것은 ⬜ 입니다.

(2) 둥근 부분으로 굴릴 수 있고 평평한 부분으로 쌓을 수 있는 물건을 모은 것은 ⬜ 입니다.

(3) 전체가 둥글어서 어느 방향으로 굴려도 잘 굴러가는 물건을 모은 것은 ⬜ 입니다.

1 일부분만 보이는 모양과 같은 모양을 찾아 ○표 하세요.

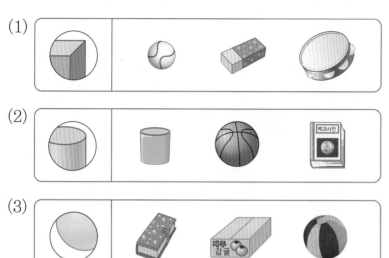

(1)

(2)

(3)

1. ▱ 모양, ▯ 모양,
◯ 모양과 모양이 같은
물건을 찾아봅니다.

2 단원

2 알맞은 것끼리 선으로 이어 보세요.

 · · · · 위로 쌓을 수 없습니다.

· · · · 잘 굴러가지 않습니다.

 · · · · 한 방향으로 잘 굴러갑니다.

2. · 평평하고 뾰족한
부분이 있는 물건은
▱ 모양입니다.
· 옆은 둥글지만 위와
아래가 평평한 물건은
▯ 모양입니다.
· 전체가 둥글고 뾰족한
부분이 없는 물건은
◯ 모양입니다.

3 모든 부분이 둥근 모양인 물건을 찾아 ○표를 하세요.

(   )   (   )   (   )

step 3 원리 척척

🍂 일부분만 보이는 모양과 같은 물건을 찾아 선으로 이어 보세요. [1~3]

1 · ·

2 · ·

3 · ·

🍂 다음 설명에 알맞은 모양을 찾아 기호를 쓰세요. [4~6]

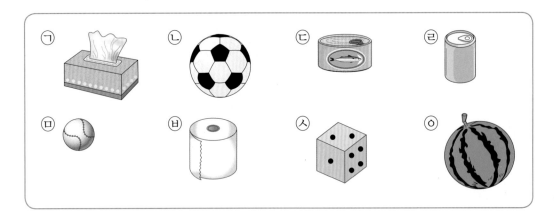

4 평평한 부분만 있어서 잘 굴러가지 않습니다. ·················· (   )

5 평평한 부분과 둥근 부분이 있어서 눕히면 잘 굴러갑니다. ······ (   )

6 모든 부분이 둥글고 뾰족한 부분이 없습니다. ·················· (   )

7 평평한 부분이 없어 잘 쌓을 수 없는 물건을 모두 찾아 ○표 하세요.

8 평평한 부분의 수와 관계있는 모양을 선으로 이어 보세요.

평평한 부분이 **6개** ·

평평한 부분이 **2개** ·

평평한 부분이 **0개** ·

알맞은 모양을 보기에서 모두 찾아 기호를 쓰세요. [9~11]

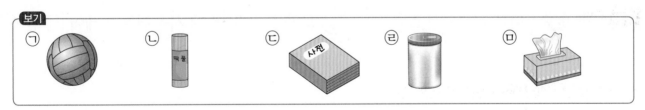

9 평평하고 뾰족한 부분이 있고 위로 잘 쌓을 수 있는 것 ·········· ( )

10 모든 부분이 둥글어서 여러 방향으로 잘 굴러가는 것 ·········· ( )

11 평평한 부분이 있어서 세우면 쌓을 수 있고, 눕히면 굴릴 수 있는 것 ········ ( )

3. 여러 가지 모양 만들기

❀ 여러 가지 모양 만들기

▱ 모양, ▱ 모양, ◯ 모양의 물건을 이용하여 여러 가지 모양을 만들 수 있습니다.

▱ 모양 : **2**개

▱ 모양 : **2**개

◯ 모양 : **1**개

원리 확인 ① 다음 그림에서 ▱, ▱, ◯ 모양을 각각 몇 개 사용했는지 세어 □ 안에 알맞은 수를 써넣으세요.

(1) ▱ 모양은 □ 개입니다.

(2) ▱ 모양은 □ 개입니다.

(3) ◯ 모양은 □ 개입니다.

원리 확인 ② 다음 그림에서 ▱, ▱, ◯ 모양을 각각 몇 개 사용했는지 세어 □ 안에 알맞은 수를 써넣으세요.

(1) ▱ 모양은 □ 개입니다.

(2) ▱ 모양은 □ 개입니다.

(3) ◯ 모양은 □ 개입니다.

1 사용한 모양을 모두 찾아 ○표 하세요.

(1)

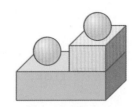

(⬜ , ⬛ , ⚪)

(2)

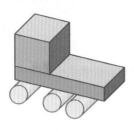

(⬜ , ⬛ , ⚪)

2 다음 그림은 ⬜ 모양, ⬛ 모양, ⚪ 모양을 각각 몇 개씩 사용했는지 빈칸에 알맞은 수를 써넣으세요.

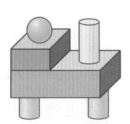

개

⬜모양	⬛모양	⚪모양
개	개	개

2. ⬜ 모양, ⬛ 모양, ⚪ 모양을 빠뜨리지 않게 하나씩 표시하면서 세어 봅니다.

3 ⬜모양, ⬛모양, ⚪모양을 모두 사용하여 만든 것에 ○표 하세요.

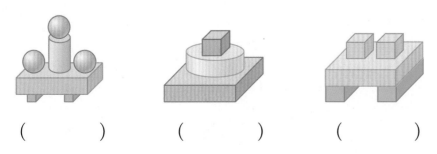

(   )   (   )   (   )

그림을 보고 □ 안에 사용한 모양의 개수를 쓰세요. [1~4]

1

⬛ 모양 ············· ☐ 개
🛢 모양 ············· ☐ 개
⚪ 모양 ············· ☐ 개

2

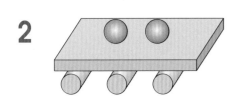

⬛ 모양 ············· ☐ 개
🛢 모양 ············· ☐ 개
⚪ 모양 ············· ☐ 개

3

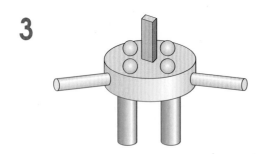

⬛ 모양 ············· ☐ 개
🛢 모양 ············· ☐ 개
⚪ 모양 ············· ☐ 개

4

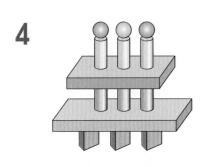

⬛ 모양 ············· ☐ 개
🛢 모양 ············· ☐ 개
⚪ 모양 ············· ☐ 개

다음 그림은 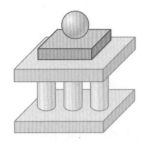 모양, 🛢 모양, ⚪ 모양을 각각 몇 개씩 사용했는지 빈칸에 알맞은 수를 써넣으세요. [5~8]

5

🔲 모양	🛢 모양	⚪ 모양
개	개	개

6

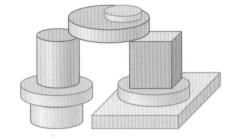

🔲 모양	🛢 모양	⚪ 모양
개	개	개

7

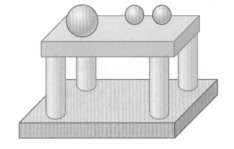

🔲 모양	🛢 모양	⚪ 모양
개	개	개

8

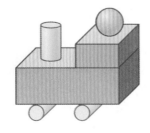

🔲 모양	🛢 모양	⚪ 모양
개	개	개

01 왼쪽과 같은 모양을 찾아 ○표 하세요.

(   ) (   ) (   )

02 왼쪽과 같은 모양을 찾아 ○표 하세요.

(   ) (   ) (   )

03 왼쪽과 같은 모양을 찾아 ○표 하세요.

(   ) (   ) (   )

04 어떤 모양을 모아 놓은 것인지 알맞은 모양에 ○표 하세요.

(모양, 모양, ◯ 모양)

05 모양을 모두 찾아 △표 하세요.

(   ) (   ) (   ) (   )

06 ◯ 모양을 모두 찾아 ○표 하세요.

(   ) (   ) (   ) (   )

07 모양을 모두 찾아 □표 하세요.

(   ) (   ) (   ) (   )

08 모양에 □표, 모양에 △표, ◯ 모양에 ○표 하세요.

(   ) (   ) (   )

(   ) (   ) (   )

09 그림에서 평평하고 뾰족한 부분이 있는 모양은 모두 몇 개인가요?

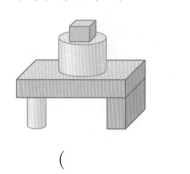

(   )

10 그림에서 둥근 부분과 평평한 부분이 있고, 눕히면 잘 굴러가는 모양은 모두 몇 개인가요?

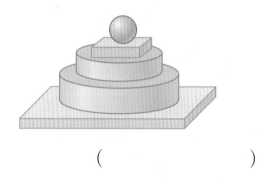

(   )

11 그림을 보고 물음에 답하세요.

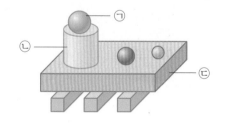

(1) 사용한 ◯ 모양은 모두 몇 개인가요?

(   )

(2) 가장 많이 사용한 모양을 찾아 기호를 쓰세요.

(   )

12 그림과 같은 모양을 만드는 데 필요 <u>없는</u> 모양에 ◯표 하세요.

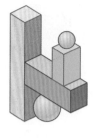

(⬜ 모양, 🛢 모양, ◯ 모양)

🍃 여러 가지 모양으로 만든 것입니다. 물음에 답하세요. [13~16]

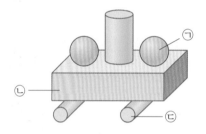

13 ⬜ 모양을 몇 개 사용했나요?

(   )

14 🛢 모양을 모두 몇 개 사용했나요?

(   )

15 ◯ 모양을 모두 몇 개 사용했나요?

(   )

16 가장 적게 사용한 모양을 찾아 기호를 쓰세요.

(   )

2. 여러 가지 모양

점수

01 왼쪽과 같은 모양이 <u>아닌</u> 것을 찾아 ×표 하세요.

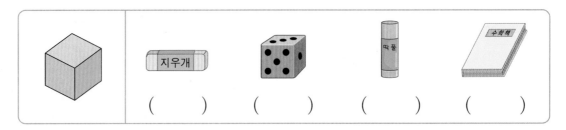

( )　　( )　　( )　　( )

02 같은 모양끼리 선으로 이어 보세요.

03 일부분만 보이는 모양을 보고 같은 모양인 물건을 찾아 ○표 하세요.

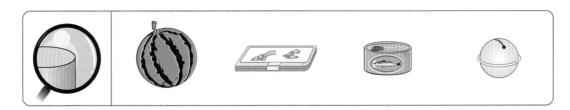

04 모양이 다른 물건을 찾아 ×표 하세요.

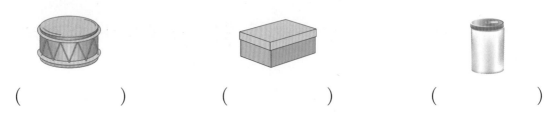

( )　　　　　( )　　　　　( )

🌿 ⬜ 모양, 🥫 모양, ⚪ 모양을 보기 에서 모두 찾아 기호를 쓰세요. [05~07]

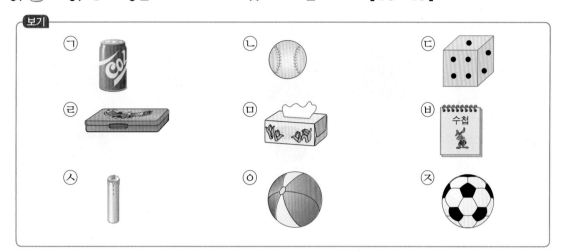

05 ⬜ 모양 ·· (   )

06 🥫 모양 ·· (   )

07 ⚪ 모양 ·· (   )

08 지혜와 석기가 같은 모양끼리 모은 것입니다. 바르게 모은 사람은 누구인가요?

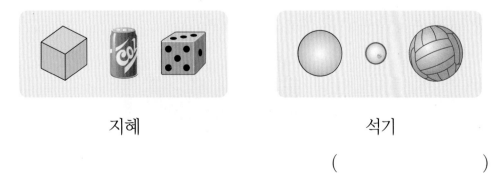

지혜   석기

(   )

2
단원

09 평평한 부분으로 쌓으면 위로 잘 쌓을 수 있는 물건은 모두 몇 개인가요?

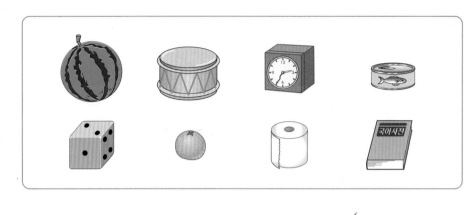

(   )개

10 모든 부분이 둥글어서 여러 방향으로 잘 굴러가는 모양은 어떤 모양인지 ◯표 하세요.

11 그림과 같은 모양을 만드는 데 필요한 모양의 개수를 쓰세요.

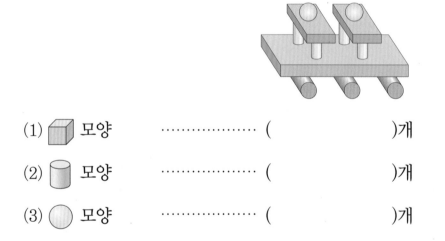

(1) ▨ 모양 ················ (   )개

(2) ⬛ 모양 ················ (   )개

(3) ◯ 모양 ················ (   )개

12 그림에서 ⬛ 모양은 모두 몇 개를 사용했나요?

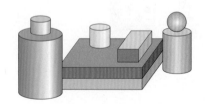

(   )개

3 단원 덧셈과 뺄셈

 이전에 배운 내용

- 9까지의 수

> 다음에 배울 내용

- 50까지의 수
- 한 자리 수인 세 수의 덧셈
- 10이 되는 더하기, 10에서 빼기

step 1 원리 꼼꼼

1. 수 2, 3, 4, 5를 가르기와 모으기

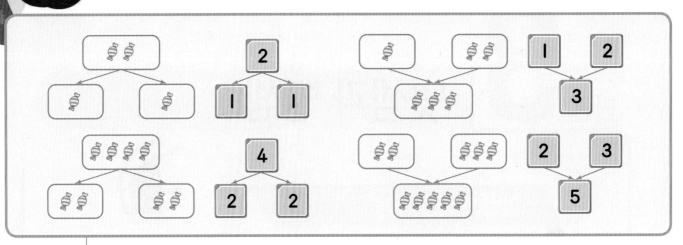

원리 확인 1 그림을 보고 빈 곳에 알맞은 수를 써넣으세요.

(1)

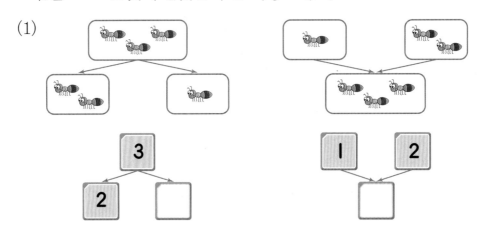

(2)

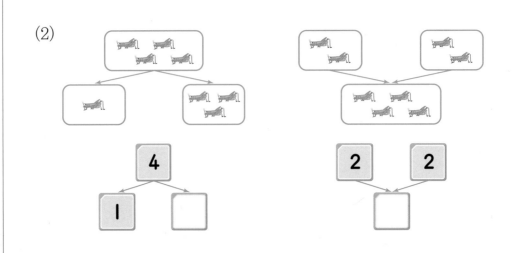

1 그림을 보고 빈 곳에 알맞은 수를 써넣으세요.

(1)

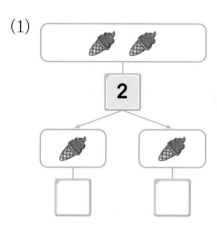

(2)

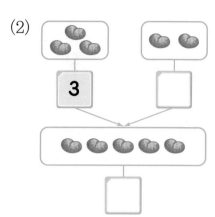

2 빈 곳에 알맞은 수만큼 ○를 그려 보세요.

(1)

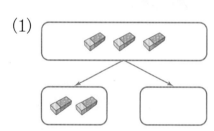

(2)

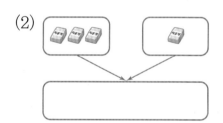

3 빈 곳에 알맞은 수를 써넣으세요.

(1)

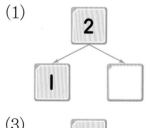

(2)

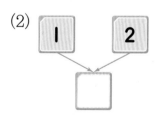

(3)

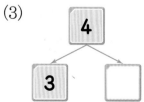

(4)

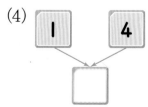

1. 그림의 개수에 맞게 수를 쓰면서 가르기와 모으기를 알아봅니다.

2. 지우개의 수를 세어 봅니다.

3. 바둑돌이나 구슬을 사용하여 가르기와 모으기를 해 봅니다.

3 단원

🍂 빈 곳에 알맞은 수를 써넣으세요. [1~6]

1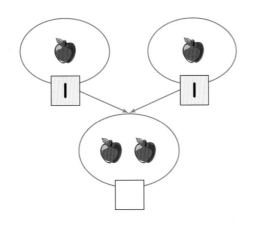

2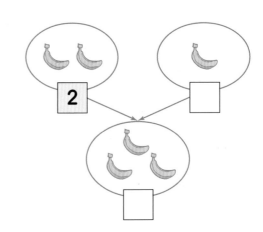

3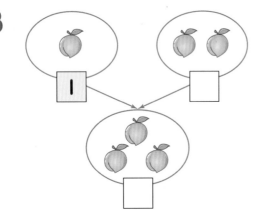

4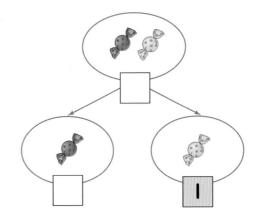

5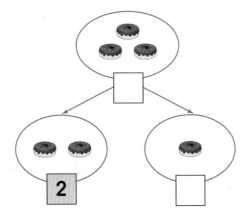

6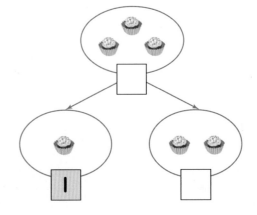

🌿 빈 곳에 알맞은 수를 써넣으세요. [7 ~ 12]

7

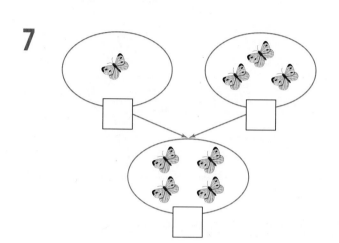

8

9

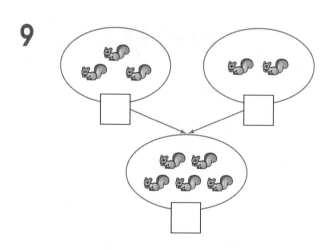

10

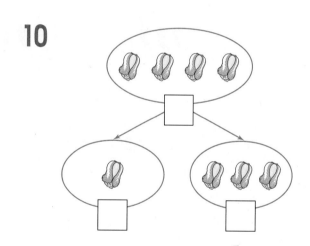

11

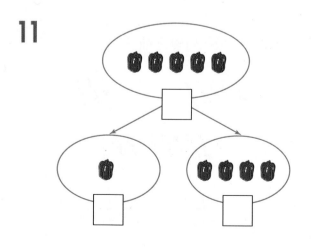

12

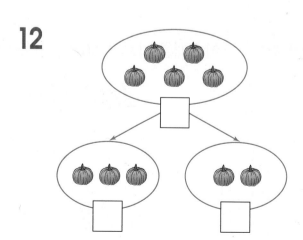

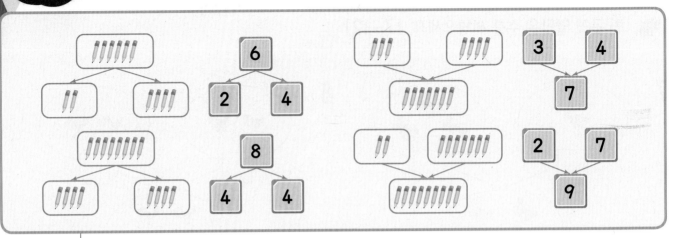

원리 확인 **1** 고추 6개를 가르고 모았습니다. 빈 곳에 알맞은 수를 써넣으세요.

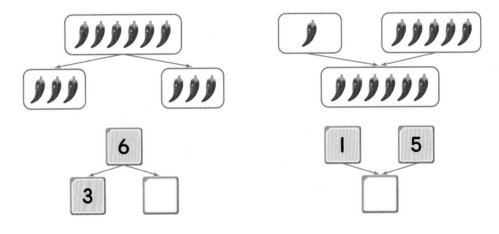

원리 확인 **2** 오이 8개를 가르고 모았습니다. 빈 곳에 알맞은 수를 써넣으세요.

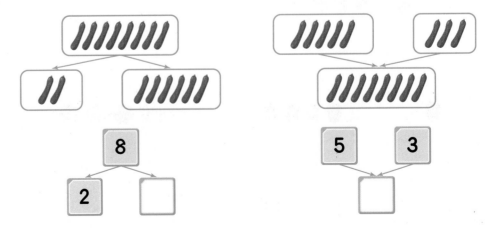

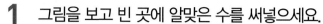
1 그림을 보고 빈 곳에 알맞은 수를 써넣으세요.

(1)

(2)

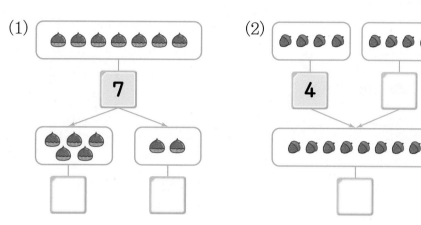

2 빈 곳에 알맞은 수만큼 ○를 그려 보세요.

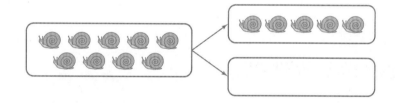

3 빈 곳에 알맞은 수를 써넣으세요.

(1)

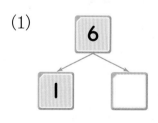

(2)

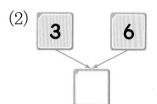

(3)

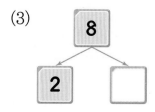

(4)

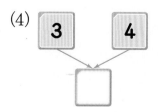

● **1.** 그림의 개수에 맞게 쓰면서 가르기와 모으기를 알아봅니다.

● **2.** 달팽이의 수를 세어 봅니다.

● **3.** 바둑돌이나 구슬을 사용하여 가르기와 모으기를 해 봅니다.

step 3 원리 척척

🍂 빈 곳에 알맞은 수를 써넣으세요. [1~6]

1

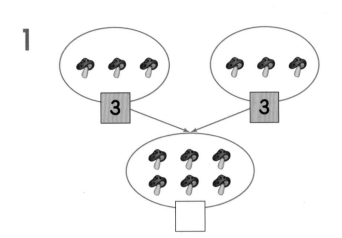

2

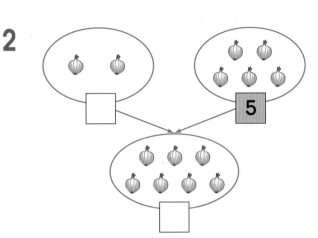

3

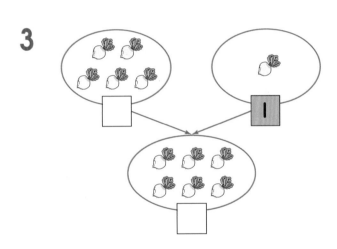

4

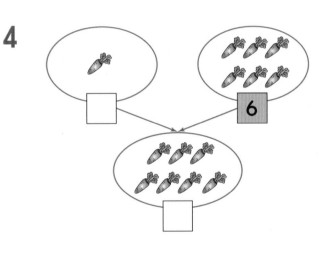

5

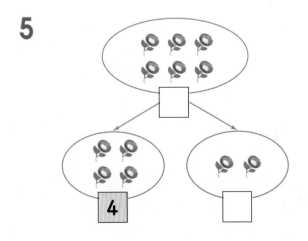

6

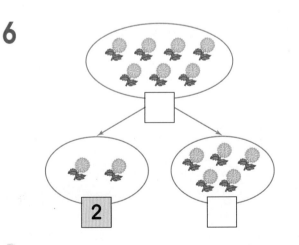

🌿 빈 곳에 알맞은 수를 써넣으세요. [7~12]

7

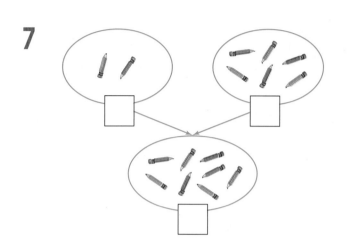

8

9

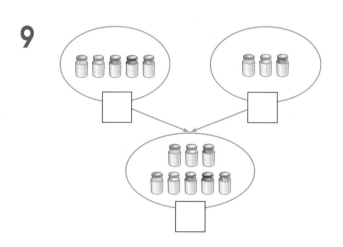

10

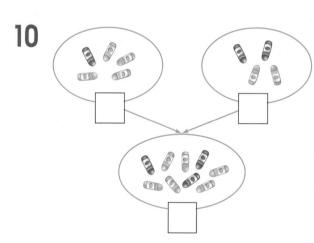

11

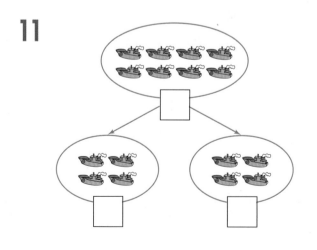

12

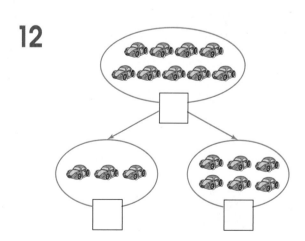

🍂 빈 곳에 알맞은 수를 써넣으세요. [13~22]

13 4 2 → ☐

14 5 3 → ☐

15 3 4 → ☐

16 2 7 → ☐

17 7 1 → ☐

18 3 3 → ☐

19 5 2 → ☐

20 2 6 → ☐

21 4 4 → ☐

22 8 1 → ☐

🍂 여러 가지 방법으로 가르기를 하세요. [23~26]

23

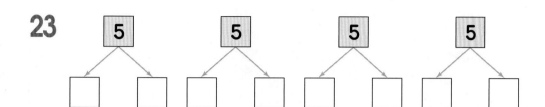

24

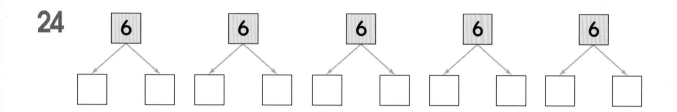

25

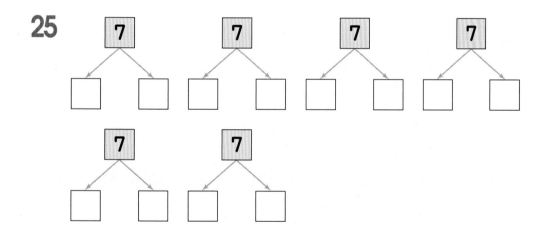

26

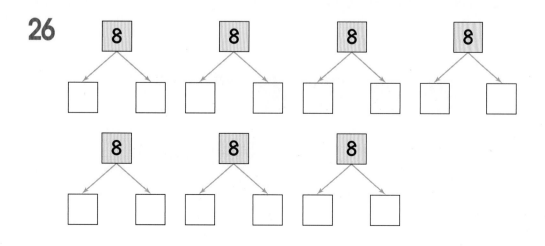

원리 꼼꼼

❀ 이야기 만들기

〈덧셈 이야기〉
왼쪽 어항에는 물고기가 **3**마리 있고 오른쪽 어항에는 물고기가 **4**마리 있으므로 어항에 있는 물고기는 모두 **7**마리입니다.

〈뺄셈 이야기〉
왼쪽 어항에는 물고기가 **3**마리 있고 오른쪽 어항에는 물고기가 **4**마리 있으므로 오른쪽 어항에 물고기가 **1**마리 더 많습니다.

원리 확인 **1** 그림을 보고 이야기를 만들어 보려고 합니다. ☐ 안에 알맞은 수를 써넣으세요.

(1) 빨간색 구슬 ☐개와 파란색 구슬 ☐개를 모으면 모두 ☐개입니다.

(2) 빨간색 구슬이 ☐개 있고 파란색 구슬이 ☐개 있으므로 빨간색 구슬이 파란색 구슬보다 ☐개 더 많습니다.

원리 확인 **2** 그림을 보고 이야기를 만들어 보려고 합니다. ☐ 안에 알맞은 수를 써넣으세요.

사과가 ☐개 있었는데 ☐개를 먹었더니
남은 사과는 ☐개입니다.

기본 문제를 통해 개념과 원리를 다져요.

1 그림을 보고 이야기를 만들어 보려고 합니다. □ 안에 알맞은 수를 써넣으세요.

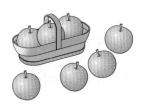

바구니 안에 배가 ☐개 있고 바구니 밖에 배가 ☐개 있으므로 배는 모두 ☐개입니다.

2 그림을 보고 이야기를 만들어 보려고 합니다. □ 안에 알맞은 수를 써넣으세요.

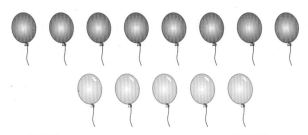

빨간색 풍선이 ☐개 있고 노란색 풍선이 ☐개 있으므로 빨간색 풍선은 노란색 풍선보다 ☐개 더 많습니다.

3 그림을 보고 보기를 이용하여 이야기를 만들어 보세요.

보기
깃발, 모은다, 더 많다, 더 적다

● **3.** 먼저 덧셈 이야기를 만들 것인지 뺄셈 이야기를 만들 것인지를 생각해 본 후 이야기를 만듭니다.

3
단원

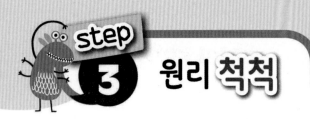

🍃 그림을 보고 □ 안에 알맞은 수를 써넣어 덧셈 상황 이야기를 완성해 보세요. [1~4]

1

→ 남자 어린이 □명이 이야기를 하고 있는데 여자 어린이 □명이 더 와서 어린이는 모두 □명이 되었습니다.

2

→ 풀밭에 강아지가 □마리 있는데 □마리가 더 와서 강아지는 모두 □마리가 되었습니다.

3

→ 어항에 금붕어가 □마리 있는데 □마리를 더 넣어 어항에 들어 있는 금붕어는 모두 □마리가 되었습니다.

4

→ 전깃줄에 제비가 □마리 앉아 있는데 □마리가 더 날아와서 제비는 모두 □마리가 되었습니다.

🍂 그림을 보고 □ 안에 알맞은 수를 써넣어 뺄셈 상황 이야기를 완성해 보세요. [5~8]

5

→ 개구리가 □마리 있었는데 □마리가 다른 곳으로 가서 남은 개구리는 □마리입니다.

6

→ 참새가 □마리 있었는데 □마리가 날아가서 남은 참새는 □마리입니다.

7

→ 풍선이 □개 있었는데 풍선 □개가 터져서 남은 풍선은 □개입니다.

8

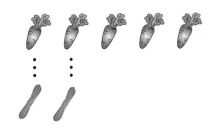

→ 당근이 □개이고 오이가 □개이므로 당근이 오이보다 □개 더 많습니다.

step 1 원리 꼼꼼

4. 덧셈 알아보기

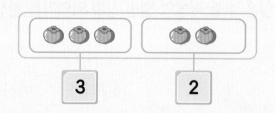

- 3과 2를 더하는 것을 3+2라 쓰고 '3 더하기 2'라고 읽습니다.
- 3과 2를 더하면 5이고 5는 3과 2의 합입니다.
  이것을 3+2=5라 쓰고 '3 더하기 2는 5와 같습니다.' 또는 '3과 2의 합은 5입니다.'라고 읽습니다.

원리 확인 ① 놀이터에 남자 어린이 **4**명이 놀고 있었습니다. 잠시 후 여자 어린이 **2**명이 더 놀러 왔습니다. 어린이는 모두 몇 명인지 알아보세요.

(1) 남자 어린이와 여자 어린이의 수만큼 ○를 그려 보세요.

남자 어린이	여자 어린이

(2) ○가 모두 ☐개이므로 **4**와 **2**를 모으기 하면 ☐입니다.

(3) 어린이는 모두 ☐명입니다. ➡ **4+2=**☐

원리 확인 ② 모으기를 이용하여 빵의 수를 나타내는 덧셈식을 만들어 보세요.

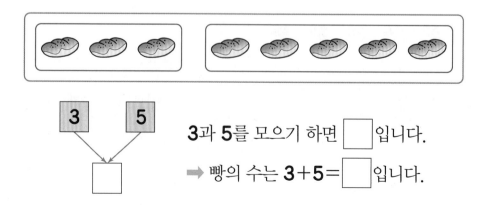

3과 5를 모으기 하면 ☐입니다.

➡ 빵의 수는 **3+5=**☐입니다.

step 2 원리 탄탄

1 그림을 보고 빈 곳에 알맞은 수를 써넣으세요.

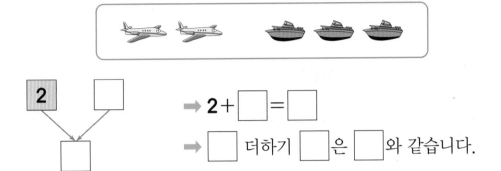

2

→ 2+□=□

→ □ 더하기 □은 □와 같습니다.

1. 두 수를 더할 때 '+'를 사용합니다. 기호 '+'를 '더하기'라고 읽습니다.

2 그림을 보고 ○를 이어서 그리고 □ 안에 알맞은 수를 써넣으세요.

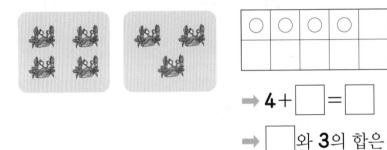

→ 4+□=□

→ □와 **3**의 합은 □입니다.

2. ●+▲=■는 '● 더하기 ▲는 ■와 같습니다.'라고 읽습니다.

3 그림을 보고 □ 안에 알맞은 수를 쓰고, 읽어 보세요.

(1)

덧셈식 **2+4**=□

읽기 □ 더하기 **4**는 □과 같습니다.

(2)

덧셈식 □+**3**=□

읽기 □과 □의 합은 □입니다.

🍂 그림을 보고 빈 곳에 알맞은 수나 말을 써넣으세요. [1~2]

1

덧셈식 □+2=□

읽기 3 □ 2는 □와 같습니다.

2

덧셈식 □+4=□

읽기 □와 4의 □은 □입니다.

🍂 빈 곳에 들어갈 그림에 ○표 하고, □ 안에 알맞은 수를 써넣으세요. [3~4]

3

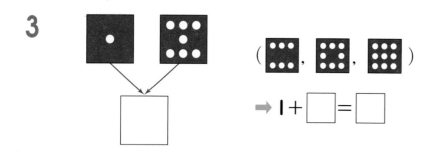

(⚃ , ⚅ , ▦)

➡ 1+□=□

4

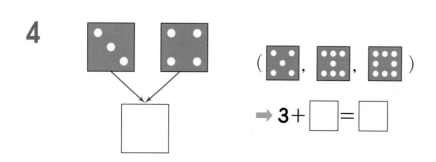

(⚄ , ⚅ , ⚅)

➡ 3+□=□

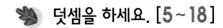 덧셈을 하세요. [5~18]

5 1+3=☐

6 2+4=☐

7 3+2=☐

8 4+3=☐

9 5+1=☐

10 2+5=☐

11 3+6=☐

12 4+5=☐

13 5+4=☐

14 7+2=☐

15 6+2=☐

16 1+8=☐

17 1+6=☐

18 3+5=☐

3
단원

step 1 원리 꼼꼼

5. 뺄셈 알아보기

- 6에서 2를 빼는 것을 6−2라 쓰고 '6 빼기 2'라고 읽습니다.
- 6에서 2를 빼면 4이고 4는 6과 2의 차입니다.
  이것을 6−2=4라 쓰고 '6 빼기 2는 4와 같습니다.' 또는 '6과 2의 차는 4입니다.'라고
  읽습니다.

원리 확인 유승이가 풍선 8개를 불었습니다. 이 중에서 3개가 터졌습니다. 터지지 않은
풍선은 몇 개인지 알아보세요.

(1) 처음 풍선의 수만큼 ○를 그리고, 터진 풍선의 수만큼 /으로 지우세요.

[   ]

(2) 지워지지 않은 ○는 ☐개이므로 8에서 3을 빼면 ☐입니다.

(3) 터지지 않은 풍선은 ☐개입니다. ➡ 8−3=☐

원리 확인 가르기를 이용하여 남은 사탕 수를 구하는 뺄셈식을 만들어 보세요.

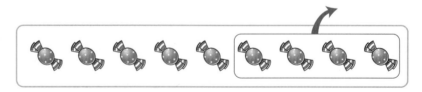

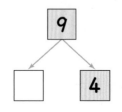

9는 ☐와 4로 가르기 할 수 있으므로

➡ 남은 사탕 수는 9−☐=☐입니다.

1 읽기 에서 □ 안에 알맞은 수를 써넣고, 뺄셈식으로 나타내 보세요.

(1) 읽기 **8** 빼기 **4**는 □와 같습니다.

➡ 뺄셈식 _____

(2) 읽기 **5**와 **2**의 차는 □입니다.

➡ 뺄셈식 _____

1. 남은 수를 알아볼 때에는 '-'를 사용합니다. 기호 '-'를 '빼기'라고 읽습니다.

2 그림을 보고 □ 안에 알맞은 수를 써넣으세요.

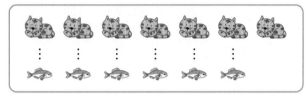

$$7-6=\boxed{}$$

➡ □과 □의 차는 □입니다.

2. ●−▲=■는 '● 빼기 ▲는 ■와 같습니다.'라고 읽습니다.

3 그림을 보고 □ 안에 알맞은 수를 써넣으세요.

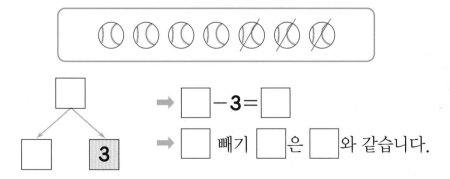

➡ □−**3**=□

➡ □ 빼기 □은 □와 같습니다.

3. 남은 야구공의 수를 세어 봅니다.

그림을 보고 빈 곳에 알맞은 수나 말을 써넣으세요. [1~2]

1

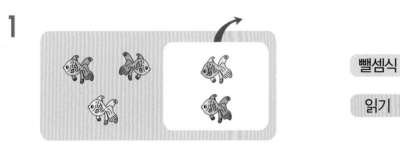

뺄셈식 $\boxed{} - 2 = \boxed{}$

읽기 5 $\boxed{}$ 2는 $\boxed{}$과 같습니다.

2

뺄셈식 $\boxed{} - \boxed{} = \boxed{}$

읽기 6과 $\boxed{}$의 $\boxed{}$는 $\boxed{}$입니다.

안에 들어갈 점의 수만큼 색칠하고, □ 안에 알맞은 수를 써넣으세요. [3~4]

3

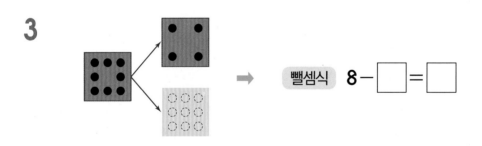

➡ 뺄셈식 $8 - \boxed{} = \boxed{}$

4

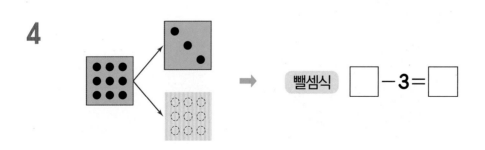

➡ 뺄셈식 $\boxed{} - 3 = \boxed{}$

빼셈을 하세요. [5~18]

5 2−1=☐

6 3−2=☐

7 4−2=☐

8 5−3=☐

9 6−3=☐

10 7−3=☐

11 5−4=☐

12 8−1=☐

13 8−6=☐

14 9−5=☐

15 7−5=☐

16 9−6=☐

17 9−7=☐

18 8−5=☐

step 1 원리 꼼꼼

6. 0이 있는 덧셈과 뺄셈

❀ (어떤 수)＋0, 0＋(어떤 수)

① (어떤 수)＋0

강아지 **5**마리와 **0**마리를 더하면 모두
5마리입니다.

➡ **5＋0＝5**

② **0**＋(어떤 수)

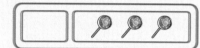

사탕 **0**개와 **3**개를 더하면 모두 **3**개입
니다.

➡ **0＋3＝3**

❀ (전체)－(전체), (전체)－0

① (전체)－(전체)

고양이 **3**마리에서 **3**마리를 빼면
0마리입니다.

➡ **3－3＝0**

② (전체)－**0**

모자 **4**개에서 **0**개를 빼면 **4**개가
남습니다.

➡ **4－0＝4**

원리 **확인** **1** 마당과 우리 안에 있는 소는 모두 몇 마리인지 알아보세요.

 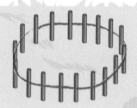

(1) 소가 마당에 ☐마리, 우리 안에 ☐마리입니다.

(2) 소는 모두 몇 마리인지 덧셈식을 쓰면 **6**＋☐＝☐입니다.

원리 **확인** **2** 바구니에 있던 사과 **5**개를 모두 먹었습니다. 남은 사과는
몇 개인지 알아보세요.

(1) 바구니에 있던 사과는 ☐개, 먹은 사과는 ☐개입니다.

(2) 남은 사과는 몇 개인지 뺄셈식을 쓰면 **5**－☐＝☐입니다.

1 그림을 보고 □ 안에 알맞은 수를 써넣으세요.

가   나

가 어항에는 금붕어가 ☐마리, 나 어항에는 금붕어가 ☐마리

있으므로 금붕어는 모두 **5**+☐=☐(마리)입니다.

● **1.** (어떤 수)+**0**=(어떤 수)

2 그림을 보고 □ 안에 알맞은 수를 써넣으세요.

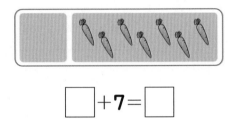

☐+**7**=☐

● **2. 0**+(어떤 수)=(어떤 수)

3 그림을 보고 □ 안에 알맞은 수를 써넣으세요.

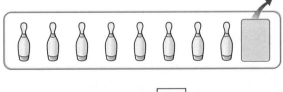

8−**0**=☐

● **3.** (어떤 수)−**0**=(어떤 수)

4 계산 결과가 같은 것끼리 선으로 이어 보세요.

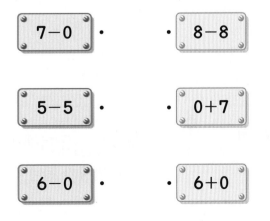

| 7−0 | • | • | 8−8 |

| 5−5 | • | • | 0+7 |

| 6−0 | • | • | 6+0 |

● **4.** (어떤 수)−(어떤 수)=**0**

3

단원

🍂 그림을 보고 □ 안에 알맞은 수를 써넣으세요. [1~4]

1

$5 + \boxed{} = \boxed{}$

2

$4 - \boxed{} = \boxed{}$

3

$\boxed{} + 6 = \boxed{}$

4

$5 - \boxed{} = \boxed{}$

🍂 □ 안에 알맞은 수를 써넣으세요. [5~8]

5

6에서 □을 빼면 **0**이 되고 6에서 □을 빼면 **6**이 됩니다.

6

7에 □을 더하거나 □에 7을 더하면 **7**이 됩니다.

7

8에서 □을 빼면 **0**이 되고 8에서 □을 빼면 **8**이 됩니다.

8

9에 □을 더하거나 □에 9를 더하면 **9**가 됩니다.

□ 안에 알맞은 수를 써넣으세요. [9~22]

9 6+0=□

10 8+0=□

11 5+□=5

12 4+□=4

13 0+3=□

14 0+9=□

15 0+□=7

16 0+□=8

17 2−0=□

18 5−0=□

19 4−□=4

20 3−□=3

21 8−8=□

22 5−□=0

step 1 원리 꼼꼼

7. 덧셈과 뺄셈하기

❀ 덧셈과 뺄셈하기

- 더하는 수가 1씩 커지면 합도 1씩 커집니다.

  $6+1=7$, $6+2=8$, $6+3=9$

- 빼는 수가 1씩 커지면 차는 1씩 작아집니다.

  $3-1=2$, $3-2=1$, $3-3=0$

❀ 식을 보고 덧셈과 뺄셈 기호 중 알맞은 기호 찾기

- 덧셈은 왼쪽 두 개의 수보다 결과가 클 경우입니다.
- 뺄셈은 가장 왼쪽의 수보다 결과가 작아집니다.

  $3 \boxed{+} 5 = 8$ $6 \boxed{-} 2 = 4$

❀ 상황에 맞게 덧셈식과 뺄셈식 만들기

 ➡ 예 $4+3=7$, $3+4=7$
예 $7-3=4$, $7-4=3$

원리 확인 1 □ 안에 알맞은 수를 써넣으세요.

(1) $5+1=\boxed{}$, $5+2=\boxed{}$, $5+3=\boxed{}$, $5+4=\boxed{}$

➡ 더하는 수가 1씩 커지면 합도 $\boxed{}$씩 커집니다.

(2) $8-1=\boxed{}$, $8-2=\boxed{}$, $8-3=\boxed{}$, $8-4=\boxed{}$

➡ 빼는 수가 1씩 커지면 차는 $\boxed{}$씩 작아집니다.

원리 확인 2 그림을 보고 □ 안에 알맞은 수를 써넣으세요.

(1) 남은 풍선의 수를 나타내는 뺄셈식 : $\boxed{}-\boxed{}=\boxed{}$

(2) 처음에 있던 풍선의 수를 나타내는 덧셈식 : $\boxed{}+\boxed{}=\boxed{}$

기본 문제를 통해 개념과 원리를 다져요.

1 그림을 보고 □ 안에 알맞은 수를 써넣으세요.

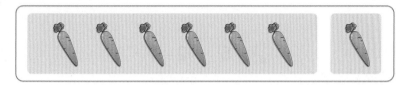

6+□=□

1+□=□

● **1.** 수의 순서를 바꾸어 더해도 합은 같습니다.

2 □ 안에 알맞은 수를 써넣으세요.

(1)
4+2=□
4+3=□
4+4=□

(2)
9-4=□
9-5=□
9-6=□

● **2.** 더하는 수가 1씩 커지면 합도 1씩 커지고 빼는 수가 1씩 커지면 차는 1씩 작아집니다.

3 □ 안에 +와 - 중 알맞은 것을 써넣으세요.

(1) 6 □ 3=9

(2) 4 □ 2=6

(3) 8 □ 5=3

(4) 7 □ 5=2

4 알맞은 수를 써넣으세요.

상자 속에 구슬이 **4**개 더 있습니다.

구슬은 모두 **5**+□=□(개)입니다.

 덧셈 기호와 뺄셈 기호 중 알맞은 기호를 □ 안에 써넣으세요. [1~14]

1 4□4=0

2 5□2=7

3 2□6=8

4 9□5=4

5 8□4=4

6 7□2=9

7 1□6=7

8 4□1=3

9 5□5=0

10 8□5=3

11 6□3=9

12 9□3=6

13 0□4=4

14 4□2=6

그림을 보고 덧셈식을 만들어 보세요. [15~19]

15

→ ☐ + ☐ = ☐

☐ + ☐ = ☐

16

→ ☐ + ☐ = ☐

☐ + ☐ = ☐

17

→ ☐ + ☐ = ☐

☐ + ☐ = ☐

18

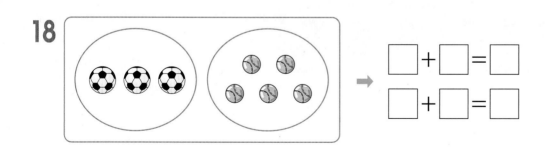

→ ☐ + ☐ = ☐

☐ + ☐ = ☐

19

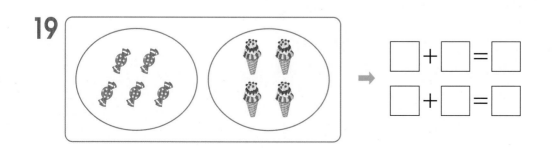

→ ☐ + ☐ = ☐

☐ + ☐ = ☐

 그림을 보고 뺄셈식을 만들어 보세요. [20~24]

20

$5-\boxed{}=3,$ $\qquad 5-\boxed{}=2$

21

$7-\boxed{}=5,$ $\qquad 7-\boxed{}=2$

22

$7-\boxed{}=4,$ $\qquad 7-\boxed{}=3$

23

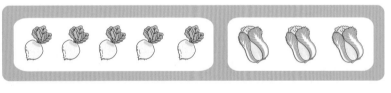

$\boxed{}-\boxed{}=\boxed{},$ $\qquad \boxed{}-\boxed{}=\boxed{}$

24

$\boxed{}-\boxed{}=\boxed{},$ $\qquad \boxed{}-\boxed{}=\boxed{}$

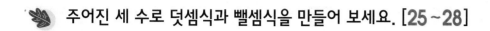

🍂 주어진 세 수로 덧셈식과 뺄셈식을 만들어 보세요. [25~28]

25 | 2 3 5 |

덧셈식 ➡ ☐ + ☐ = ☐, ☐ + ☐ = ☐

뺄셈식 ➡ ☐ − ☐ = ☐, ☐ − ☐ = ☐

26 | 1 5 6 |

덧셈식 ➡ ☐ + ☐ = ☐, ☐ + ☐ = ☐

뺄셈식 ➡ ☐ − ☐ = ☐, ☐ − ☐ = ☐

27 | 2 5 7 |

덧셈식 ➡ ☐ + ☐ = ☐, ☐ + ☐ = ☐

뺄셈식 ➡ ☐ − ☐ = ☐, ☐ − ☐ = ☐

28 | 3 6 9 |

덧셈식 ➡ ☐ + ☐ = ☐, ☐ + ☐ = ☐

뺄셈식 ➡ ☐ − ☐ = ☐, ☐ − ☐ = ☐

01 빈칸에 알맞은 수를 써넣으세요.

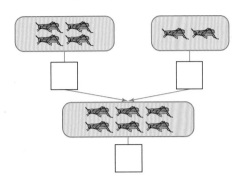

02 빈 곳에 알맞은 수만큼 ○를 그리세요.

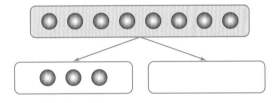

03 그림을 보고, □ 안에 알맞은 수를 써넣으세요.

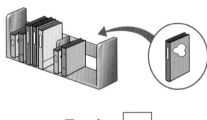

$7+1=\square$

04 그림을 보고, 알맞은 식에 ○표 하세요.

$(\ 5-4,\ 5-3,\ 5-2\ )$

05 가르기를 이용하여 빈 곳에 알맞은 수를 써넣으세요.

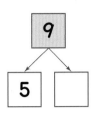

06 그림을 보고 뺄셈식을 완성해 보세요.

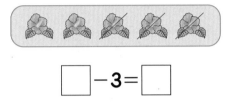

$\square-3=\square$

07 그림을 보고 알맞은 덧셈식을 만들어 보세요.

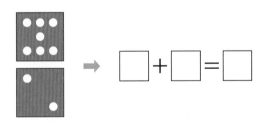

$\square+\square=\square$

08 올바른 뺄셈식이 되도록 선을 그어 보세요.

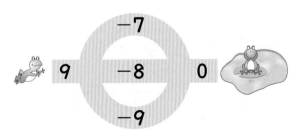

그림을 보고 식을 쓰고 읽어 보세요. [09~10]

09

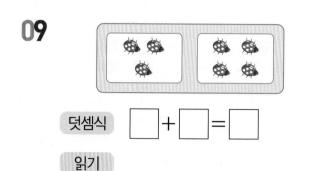

덧셈식　$\square + \square = \square$

읽기　_____

10

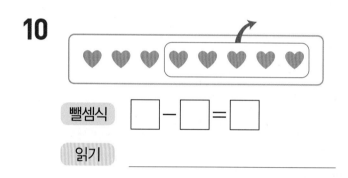

뺄셈식　$\square - \square = \square$

읽기　_____

11 주어진 식 중 올바른 식을 모두 찾아 ○표 하세요.

$3+0=3$　　$6-0=0$

$8-1=9$　　$4+1=5$

12 두 수의 합과 차를 구하세요.

$$4 \qquad 4$$

합 : (　　　　)

차 : (　　　　)

13 ＋, − 중에서 ◉에 들어갈 수 있는 기호를 쓰세요.

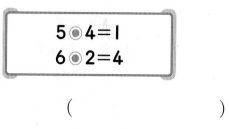

$5 ◉ 4 = 1$

$6 ◉ 2 = 4$

(　　　　　　　　　)

14 야구공은 농구공보다 몇 개 더 많은지 구하는 식을 만들고, 답을 구하세요.

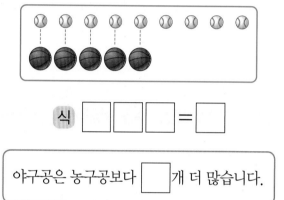

식　$\square\ \square\ \square = \square$

야구공은 농구공보다 $\square$ 개 더 많습니다.

15 주어진 수 카드를 모두 사용하여 뺄셈식을 만들어 보세요.

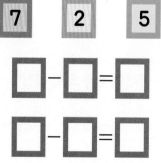

$\boxed{7}\quad\boxed{2}\quad\boxed{5}$

$\square - \square = \square$

$\square - \square = \square$

16 두 수의 합이 **4**인 덧셈식을 만들어 보세요.

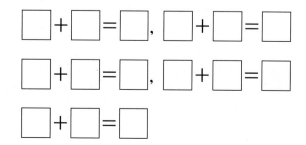

$\square + \square = \square$,　$\square + \square = \square$

$\square + \square = \square$,　$\square + \square = \square$

$\square + \square = \square$

🌿 그림을 보고 □ 안에 알맞은 수를 써넣으세요. [01~02]

01

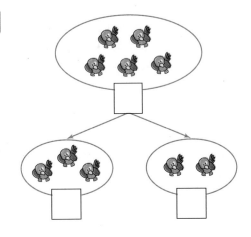

02

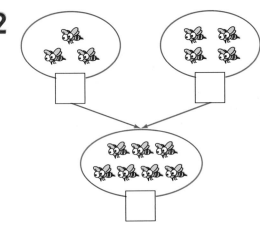

🌿 □ 안에 알맞은 수를 써넣으세요. [03~04]

03

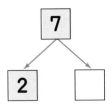

04

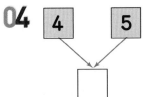

🌿 위와 아래의 수를 모아 색칠한 칸의 수가 되도록 빈칸에 알맞은 수를 써넣으세요. [05~06]

05

7		5		3		1	
	2		4		6		8

06

1	2			5	6		8	
		6	5			2		9

🍂 □ 안에 알맞은 수를 써넣고 식을 읽어 보세요. [07~08]

07

□+□

➡ ....

08

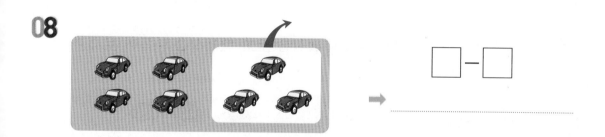

□−□

➡ ....

🍂 □ 안에 알맞은 수를 써넣고 식을 두 가지 방법으로 읽어 보세요. [09~10]

09

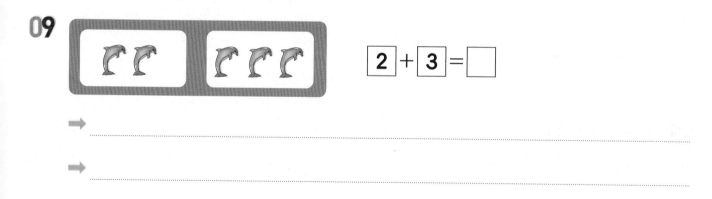

$2 + 3 = □$

➡ ....

➡ ....

10

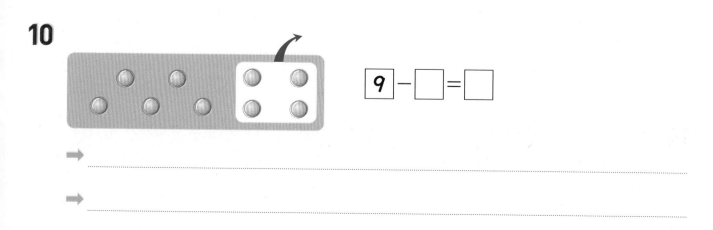

$9 − □ = □$

➡ ....

➡ ....

11 □ 안에 알맞은 수를 써넣으세요.

(1) **4＋4＝**☐

(2) **7－2＝**☐

(3) **2＋6＝**☐

(4) **4－4＝**☐

(5) **7＋2＝**☐

(6) **8－5＝**☐

12 그림을 보고 덧셈식을 만들어 보세요. 또, 만든 덧셈식을 보고 **뺄셈식**을 만들어 보세요.

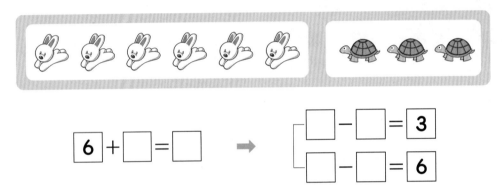

$$\boxed{6} + \boxed{} = \boxed{} \quad \Rightarrow \quad \boxed{} - \boxed{} = \boxed{3}$$
$$\boxed{} - \boxed{} = \boxed{6}$$

13 계산을 해 보세요.

(1) **3＋4＝**☐

4＋3＝☐

(2) **4＋5＝**☐

5＋4＝☐

14 연필꽂이에 연필이 몇 자루 있습니다. 연필 **5**자루를 더 넣으면 모두 **9**자루가 됩니다. 연필 **5**자루를 더 넣기 전에 연필꽂이에 있는 연필은 몇 자루인가요?

(   )

이번에 배울 내용

1 길이 비교하기

2 키와 높이 비교하기

3 무게 비교하기

4 넓이 비교하기

5 담을 수 있는 양 비교하기

 다음에 배울 내용

- 길이의 직접 비교와 간접 비교
- 몸과 물건을 이용하여 길이 재기
- 1 cm 알아보기
- 여러 가지 물건의 길이 어림하기

step 1 원리 꼼꼼

❖ 길이 비교하기

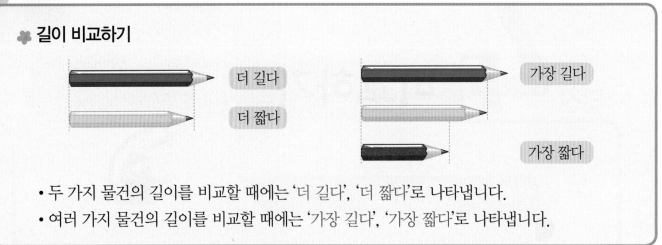

- 두 가지 물건의 길이를 비교할 때에는 '더 길다', '더 짧다'로 나타냅니다.
- 여러 가지 물건의 길이를 비교할 때에는 '가장 길다', '가장 짧다'로 나타냅니다.

원리 확인 ① 자와 칼의 길이를 비교하였습니다. 알맞은 말에 ○표 하세요.

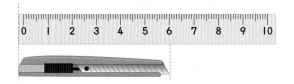

(1) 자는 칼보다 더 (깁니다, 짧습니다).

(2) 칼은 자보다 더 (깁니다, 짧습니다).

원리 확인 ② 크레파스, 연필, 색연필의 길이를 비교하였습니다. 알맞은 말에 ○표 하세요.

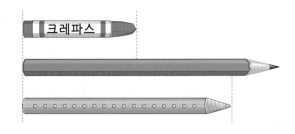

(1) 가장 긴 것은 (크레파스, 연필, 색연필)입니다.

(2) 가장 짧은 것은 (크레파스, 연필, 색연필)입니다.

1 더 긴 것에 ○표 하세요.

(   )

(   )

2 더 짧은 것에 △표 하세요.

(   )

(   )

3 가장 긴 것에 ○표 하세요.

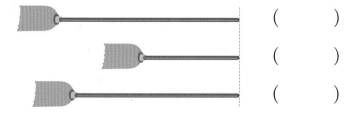

(   )

(   )

(   )

4 가장 짧은 것에 △표 하세요.

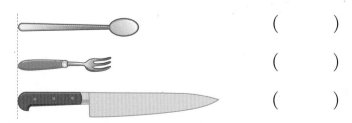

(   )

(   )

(   )

더 긴 것에 ○표 하세요. [1~3]

1

(   )

(   )

2

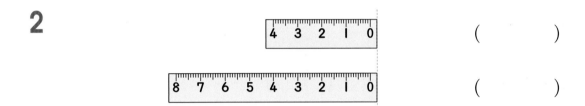

(   )

(   )

3

(   )

(   )

더 짧은 것에 △표 하세요. [4~6]

4

(   )

(   )

5

(   )

(   )

6

(   )

(   )

가장 긴 것에 ○표, 가장 짧은 것에 △표 하세요. [7~10]

7
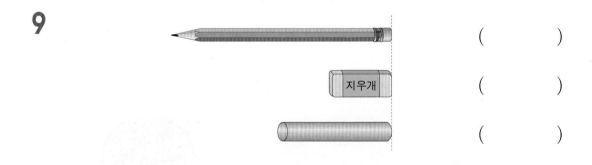

(   )

(   )

(   )

8

(   )

(   )

(   )

9

(   )

(   )

(   )

10
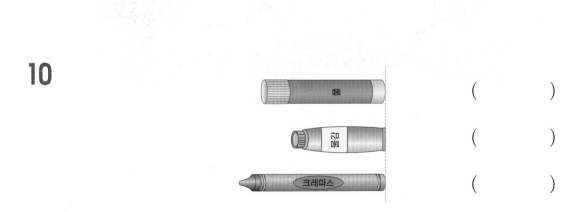

(   )

(   )

(   )

step 1 원리 꼼꼼

2. 키와 높이 비교하기

🍀 키 비교하기

더 크다　더 작다　　가장 크다　　　　가장 작다

- 두 사람의 키를 비교할 때에는 '더 크다', '더 작다'로 나타냅니다.
- 2명보다 많은 사람의 키를 비교할 때에는 '가장 크다', '가장 작다'로 나타냅니다.

🍀 높이 비교하기

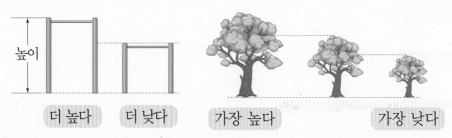

더 높다　더 낮다　　가장 높다　　　　가장 낮다

- 두 가지 물건의 높이를 비교할 때에는 '더 높다', '더 낮다'로 나타냅니다.
- 2개보다 많은 것의 높이를 비교할 때에는 '가장 높다', '가장 낮다'로 나타냅니다.

원리 확인 영수와 지혜가 놀이터에 있습니다. 놀이터에 있는 물건들의 높이를 비교해 보고, 영수와 지혜의 키를 비교하였습니다. 알맞은 말에 ○표 하세요.

영수　지혜

(1) 미끄럼틀은 의자보다 더 (높습니다, 낮습니다).

(2) 의자는 나무보다 더 (높습니다, 낮습니다).

(3) 영수의 키는 지혜의 키보다 더 (큽니다, 작습니다).

step 2 원리 탄탄

1 키가 더 작은 사람에 ○표 하세요.

(   ) (   )

2 키가 가장 큰 사람에 ○표 하세요.

(   ) (   ) (   )

2. 2명보다 많은 사람의 키를 비교할 때에는 '가장 크다', '가장 작다'로 나타냅니다.

3 더 높은 것에 ○표 하세요.

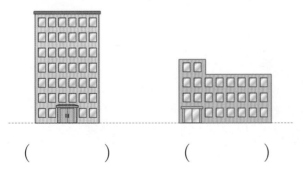

(   )   (   )

3. 위로 더 많이 올라간 것이 더 높습니다.

4 더 낮은 것에 △표 하세요.

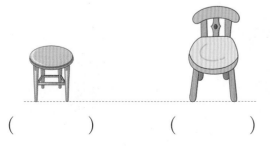

(   )   (   )

4. 위로 더 적게 올라간 것이 더 낮습니다.

🍂 키가 더 큰 쪽에 ◯표 하세요. [1~4]

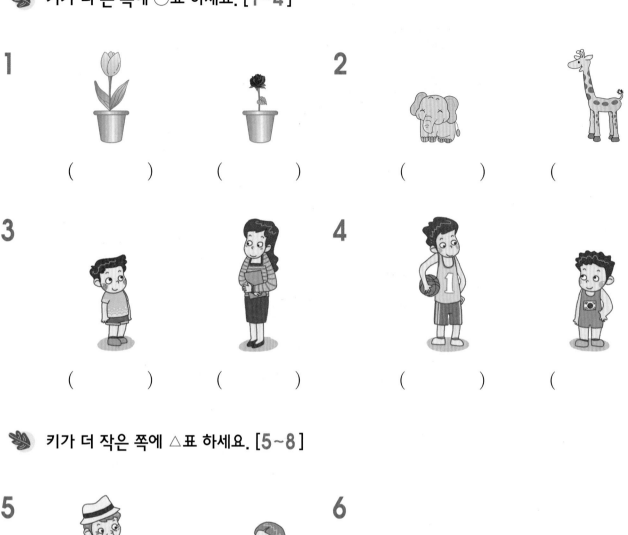

1

( ) ( )

2

( ) ( )

3

( ) ( )

4

( ) ( )

🍂 키가 더 작은 쪽에 △표 하세요. [5~8]

5

( ) ( )

6

( ) ( )

7

( ) ( )

8

( ) ( )

키가 가장 큰 쪽에 ○표, 가장 작은 쪽에 △표 하세요. [9~16]

9
( ) ( ) ( )

10
( ) ( ) ( )

11
( ) ( ) ( )

12
( ) ( ) ( )

13
( )( )( )

14
( )( )( )

15
( ) ( ) ( )

16
( )( )( )

🍂 더 높은 쪽에 ○표 하세요. [17~20]

17

(   )   (   )

18

(   )   (   )

19

(   )   (   )

20

(   )   (   )

🍂 더 낮은 쪽에 △표 하세요. [21~24]

21

(   )   (   )

22

(   )   (   )

23

(   )   (   )

24

(   )   (   )

가장 높은 쪽에 ○표, 가장 낮은 쪽에 △표 하세요. [25~32]

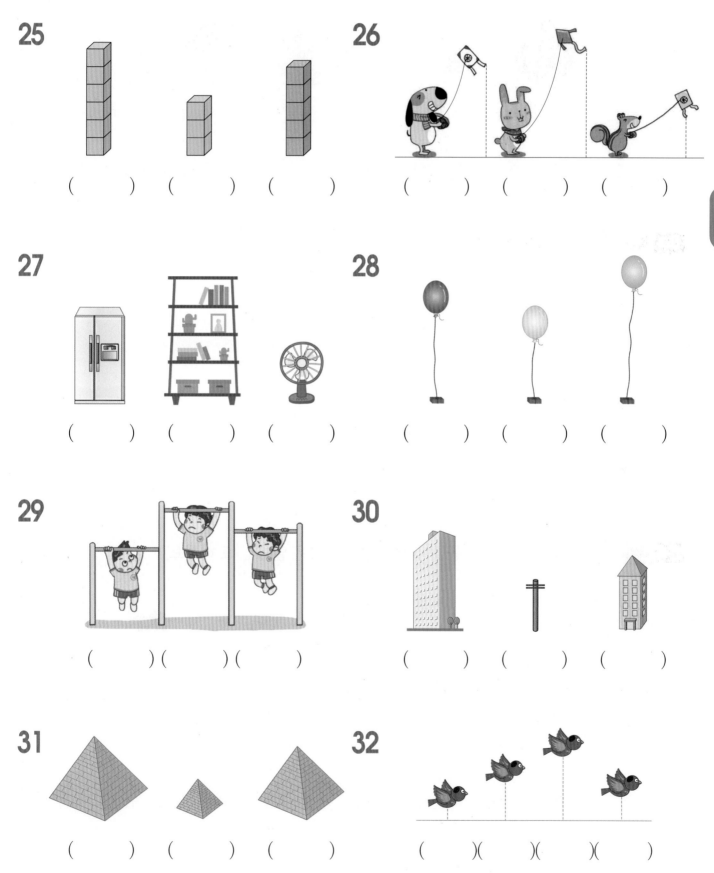

25

( ) ( ) ( )

26

( ) ( ) ( )

27

( ) ( ) ( )

28

( ) ( ) ( )

29

( ) ( ) ( )

30

( ) ( ) ( )

31

( ) ( ) ( )

32

( ) ( ) ( ) ( )

1 원리 꼼꼼

3. 무게 비교하기

❀ 무게 비교하기

더 무겁다　　더 가볍다　　　가장 무겁다　　　　　가장 가볍다

• 두 가지 물건의 무게를 비교할 때에는 '더 무겁다', '더 가볍다'로 나타냅니다.
• **2**개보다 많은 것의 무게를 비교할 때에는 '가장 무겁다', '가장 가볍다'로 나타냅니다.

원리 확인 ❶ 그림을 보고 알맞은 말에 ○표 하세요.

(1) 필통은 자보다 더 (무겁습니다, 가볍습니다).

(2) 자는 필통보다 더 (무겁습니다, 가볍습니다).

원리 확인 ❷ 다음과 같은 세 동물이 있습니다. 알맞은 말에 ○표 하세요.

(1) 가장 무거운 동물은 (코끼리, 다람쥐, 원숭이)입니다.

(2) 가장 가벼운 동물은 (코끼리, 다람쥐, 원숭이)입니다.

(3) 원숭이는 (코끼리, 다람쥐) 보다 더 무겁고, (코끼리, 다람쥐) 보다 더 가볍
습니다.

1 더 무거운 것에 ○표 하세요.

(　　　)　　　(　　　)

● **1.** 직접 들었을 때 어느 것이 더 무거운지 생각해 봅니다.

2 더 가벼운 것에 △표 하세요.

(　　　)　　　(　　　)

● **2.** 직접 들었을 때 어느 것이 더 가벼운지 생각해 봅니다.

3 가장 무거운 것에 ○표 하세요.

(　　　)　　(　　　)　　(　　　)

● **3.** 2개보다 많은 것의 무게를 비교할 때에는 '가장 무겁다', '가장 가볍다'로 나타냅니다.

4 가장 가벼운 것에 △표 하세요.

(　　　)　　(　　　)　　(　　　)

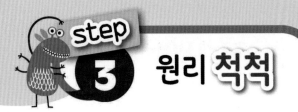
🍂 더 무거운 것에 ○표 하세요. [1~4]

1
(   )   (   )

2
(   )   (   )

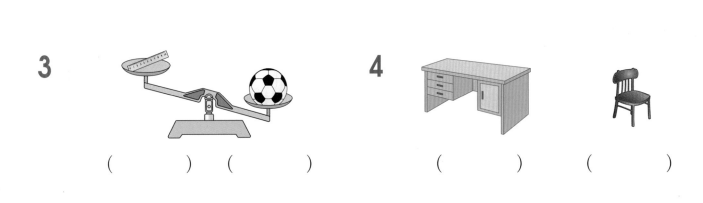

3
(   )   (   )

4
(   )   (   )

🍂 더 가벼운 것에 △표 하세요. [5~8]

5
(   )   (   )

6
(   )   (   )

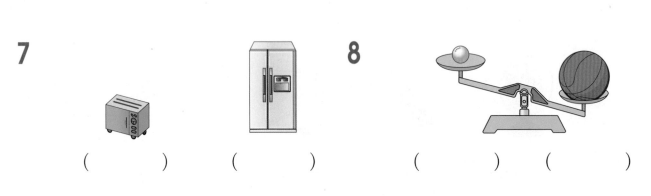

7
(   )   (   )

8
(   )   (   )

가장 무거운 것에 ○표, 가장 가벼운 것에 △표 하세요. [9~16]

9

( ) ( ) ( )

10

( ) ( ) ( )

11

( ) ( ) ( )

12

( ) ( ) ( )

13

( ) ( ) ( )

14

( ) ( ) ( )

15

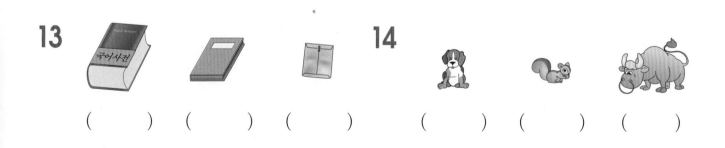

( ) ( ) ( )

16

( ) ( ) ( )

step 1 원리 꼼꼼

4. 넓이 비교하기

♣ 넓이 비교하기

더 넓다   더 좁다   가장 넓다   가장 좁다

- 두 가지 물건의 넓이를 비교할 때에는 '더 넓다', '더 좁다'로 나타냅니다.
- **2**개보다 많은 것의 넓이를 비교할 때에는 '가장 넓다', '가장 좁다'로 나타냅니다.

원리 확인 ① 달력과 수학책의 넓이를 비교하였습니다. 알맞은 말에 ○표 하세요.

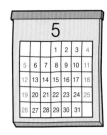 

(1) 달력은 수학책보다 더 (넓습니다, 좁습니다).

(2) 수학책은 달력보다 더 (넓습니다, 좁습니다).

원리 확인 ② 다음과 같은 세 물건이 있습니다. 알맞은 말에 ○표 하세요.

(1) 가장 넓은 것은 (스케치북, 사진, 액자)입니다.

(2) 가장 좁은 것은 (스케치북, 사진, 액자)입니다.

1 더 넓은 것에 ○표 하세요.

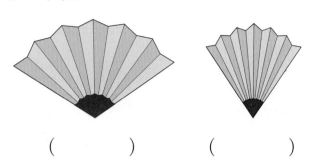

(   )   (   )

● 1. 겹쳐 보았을 때 남는 부분이 있는 것이 더 넓습니다.

2 더 좁은 것에 △표 하세요.

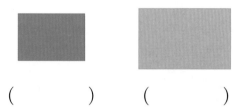

(   )   (   )

● 2. 겹쳐 보았을 때 모자라는 부분이 있는 것이 더 좁습니다.

3 가장 넓은 것에 ○표 하세요.

(   )   (   )   (   )

● 3. 2개보다 많은 것의 넓이를 비교할 때에는 '가장 넓다', '가장 좁다'로 나타냅니다.

4 가장 좁은 것에 △표 하세요.

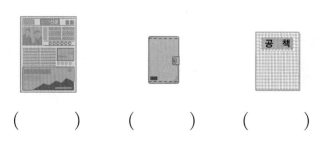

(   )   (   )   (   )

step 3 원리 척척

🍂 더 넓은 것에 ◯표 하세요. [1~4]

1

(   )   (   )

2

(   )   (   )

3

(   )   (   )

4

(   )   (   )

🍂 더 좁은 것에 △표 하세요. [5~8]

5

(   )   (   )

6

(   )   (   )

7

(   )   (   )

8

(   )   (   )

가장 넓은 것에 ○표, 가장 좁은 것에 △표 하세요. [9~15]

9
(　　) (　　) (　　)

10
(　　) (　　) (　　)

11
(　　) (　　) (　　)

12
(　　) (　　) (　　)

13
(　　) (　　) (　　)

14
(　　) (　　) (　　)

15
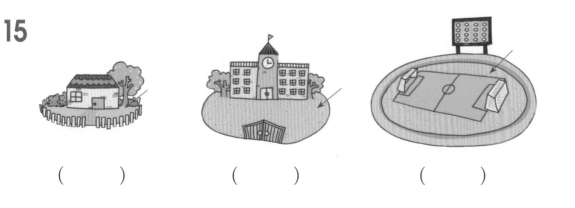
(　　) (　　) (　　)

step 1 원리 꼼꼼

5. 담을 수 있는 양 비교하기

🌸 **들어 있는 양 비교하기**

더 많다　더 적다　　　가장 많다　　가장 적다

• 두 가지 그릇에 담을 수 있는 양을 비교할 때, '더 많다', '더 적다'로 나타냅니다.
• 2개보다 많은 그릇에 담을 수 있는 양을 비교할 때는 '가장 많다', '가장 적다'로 나타냅니다.

 원리 확인 ① 주스를 모양과 크기가 같은 두 컵에 나누어 담았습니다. 담긴 주스의 양을 비교하여 알맞은 말에 ○표 하세요.

가　　　　　나

(1) 가 컵의 주스가 나 컵의 주스보다 더 (많습니다, 적습니다).

(2) 나 컵의 주스가 가 컵의 주스보다 더 (많습니다, 적습니다).

 원리 확인 ② 높이가 같은 세 컵 중 담을 수 있는 양이 가장 많은 것과 가장 적은 것을 찾아 기호를 쓰세요.

가　　　　　나　　　　다

담을 수 있는 양이 가장 많은 것 : (　　　　　　　　　)
담을 수 있는 양이 가장 적은 것 : (　　　　　　　　　)

1 담긴 물의 양이 더 많은 것에 ○표 하세요.

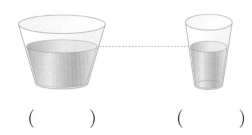

(   )   (   )

1. 물의 높이가 같을 때에는 그릇의 크기가 클수록 담긴 물의 양이 더 많습니다.

2 모양과 크기가 같은 컵에 담긴 주스의 양이 가장 적은 것에 △표 하세요.

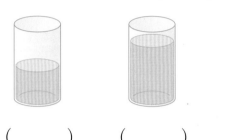

(   )   (   )   (   )

2. 그릇의 모양과 크기가 같을 때에는 물의 높이가 높을수록 담긴 물의 양이 더 많습니다.

3 두 그릇의 크기를 비교하여 □ 안에 알맞은 말을 써넣으세요.

냄비   밥그릇

[   ]는 [   ]보다 담을 수 있는 양이 더 많습니다.

3. 그릇이 클수록 담을 수 있는 양이 더 많습니다.

4 담을 수 있는 양이 가장 적은 것에 △표 하세요.

(   )   (   )   (   )

4. 그릇의 크기가 작을수록 담을 수 있는 양이 더 적습니다.

🍃 담긴 물의 양이 더 많은 것에 ◯표 하세요. [1~4]

1

(   ) (   )

2

(   ) (   )

3

(   ) (   )

4

(   ) (   )

🍃 담긴 물의 양이 가장 많은 것에 ◯표, 가장 적은 것에 △표 하세요. [5~8]

5

(   ) (   ) (   )

6

(   ) (   ) (   )

7

(   ) (   ) (   )

8

(   ) (   ) (   )

🍂 담을 수 있는 양이 더 많은 것에 ○표 하세요. [9~12]

9

(   )   (   )

10

(   )   (   )

11

(   )   (   )

12

(   )   (   )

🍂 담을 수 있는 양이 가장 많은 것에 ○표, 가장 적은 것에 △표 하세요. [13~16]

13

(   ) (   ) (   )

14

(   ) (   ) (   )

15

(   ) (   ) (   )

16

(   ) (   ) (   )

01 더 긴 것에 ○표 하세요.

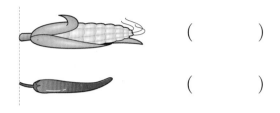

(   )

(   )

02 더 낮은 쪽에 ○표 하세요.

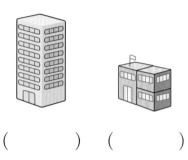

(   ) (   )

03 가장 긴 것에 ○표 하세요.

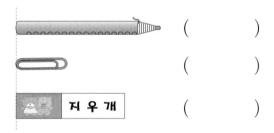

(   )

(   )

(   )

04 가장 낮은 것에 ○표 하세요.

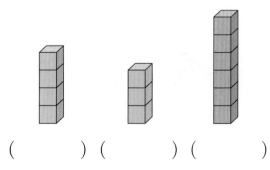

(   ) (   ) (   )

05 더 무거운 것은 무엇인가요?

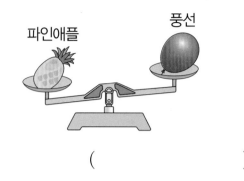

(   )

06 그림을 보고 알맞은 말에 ○표 하세요.

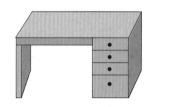

책상이 의자보다 더
(무겁습니다, 가볍습니다).

07 가장 가벼운 동물에 △표 하세요.

(   ) (   ) (   )

08 가장 무거운 것에 ○표 하세요.

클립   연필   필통

(   ) (   ) (   )

09 더 넓은 것에 ○표 하세요.

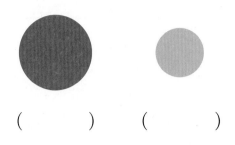

(   )   (   )

10 더 좁은 것에 △표 하세요.

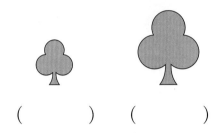

(   )   (   )

11 가장 넓은 것에 ○표, 가장 좁은 것에 △표 하세요.

(   ) (   )(   )

12 가장 넓은 것을 찾아 기호를 쓰세요.

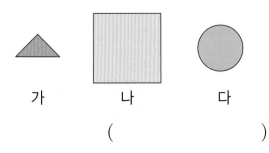

가   나   다

(   )

13 담긴 주스의 양이 더 많은 것에 ○표 하세요.

(   )   (   )

14 담을 수 있는 양이 더 적은 것에 △표 하세요.

(   ) (   )

15 담긴 주스의 양이 가장 작은 것에 △표 하세요.

(   ) (   ) (   )

16 담을 수 있는 양이 많은 그릇부터 순서대로 1, 2, 3을 쓰세요.

(   ) (   ) (   )

4
단원

 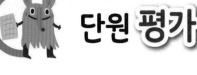

점수

🍂 서로 관계있는 것끼리 선으로 이어 보세요. [01~04]

01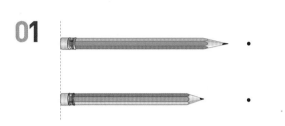

• 더 길다

• 더 짧다

02

키가 가장 크다 키가 가장 작다

03

• 더 넓다

• 더 좁다

04

담긴 물의 양이 가장 적다 담긴 물의 양이 가장 많다

05 가장 긴 것에 ○표, 가장 짧은 것에 △표 하세요.

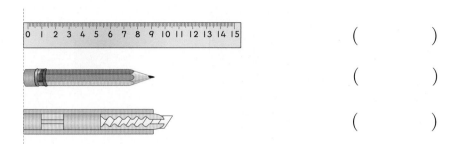

(   )

(   )

(   )

06 가장 높은 쪽에 ○표, 가장 낮은 쪽에 △표 하세요.

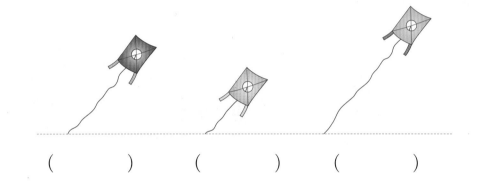

(   )   (   )   (   )

07 수학책보다 더 무거운 것에 ○표 하세요.

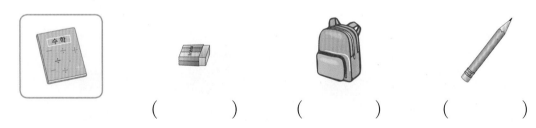

(   )   (   )   (   )

08 가장 무거운 것에 ○표 하세요.

(   )   (   )   (   )

09 그림을 보고 넓이를 비교하여 □ 안에 알맞은 말을 써넣으세요.

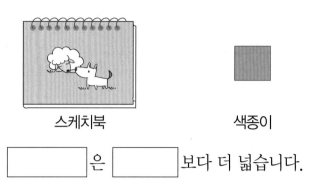

스케치북　　　　　　　　색종이

　　　　　은　　　　　보다 더 넓습니다.

10 왼쪽 공책보다 더 좁은 것을 쓰세요.

(　　　　　　　　　　　　　　　　)

11 담긴 물의 양이 가장 많은 것을 찾아 기호를 쓰세요.

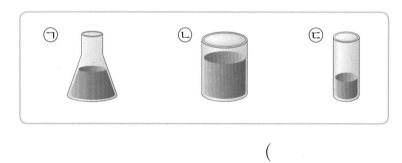

(　　　　　　　　　　　　　　　　)

12 담을 수 있는 양이 적은 것부터 순서대로 **1**, **2**, **3**을 쓰세요.

(　　　　　)　　　(　　　　　)　　　(　　　　　)

단원 5

50까지의 수

이번에 배울 내용

 이전에 배운 내용

- 9까지의 수
- 9까지의 수의 순서

 다음에 배울 내용

- 100까지의 수
- 100까지의 수의 순서

1. 10, 십몇 알아보기

❋ 10 알아보기

• 9보다 1만큼 더 큰 수를 10이라고 합니다.
  10은 십 또는 열이라고 읽습니다.

❋ 10개씩 묶음 1개와 낱개 나타내기

• 10개씩 묶음 1개와 낱개 3개를 13이라고 합니다.
  13은 십삼 또는 열셋이라고 읽습니다.

❋ 십몇 읽어보기

11	12	13	14	15
(십일, 열하나)	(십이, 열둘)	(십삼, 열셋)	(십사, 열넷)	(십오, 열다섯)

16	17	18	19
(십육, 열여섯)	(십칠, 열일곱)	(십팔, 열여덟)	(십구, 열아홉)

원리 확인 1 사과가 모두 몇 개인지 알아보세요..

(1) 사과는 9개보다 ☐개 더 많습니다.

(2) 사과는 모두 ☐개입니다.

원리 확인 2 복숭아가 모두 몇 개인지 알아보세요.

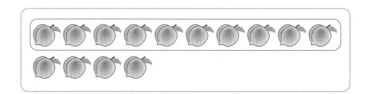

(1) 복숭아는 10개씩 묶음 ☐개와 낱개 ☐개가 있습니다.

(2) 복숭아는 모두 ☐개입니다.

1 그림을 보고 □ 안에 알맞은 수를 써넣으세요.

● 1. 그림을 보고 10의
크기를 알아봅니다.

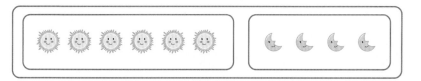

10은 **6**보다 □ 만큼 더 큰 수입니다.

2 **10**이 되도록 ○를 더 그려 보고, □ 안에 알맞은 수를 써넣으세요.

(1)

8과 □ 를 모으면 **10**이 됩니다.

(2)

10은 **7**과 □ 으로 가르기 할 수 있습니다.

3 그림을 보고 □ 안에 알맞은 수를 써넣고, 수를 바르게 읽은 것에 ○표 하세요.

● 3. 10개씩 묶음 1개와
낱개 ■개는 1■입니다.

(1)
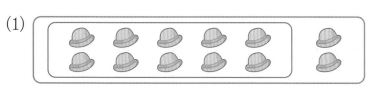

10개씩 묶음 **1**개와 낱개 **2**개는 □ 이고 (십이, 십사)라고 읽습니다.

(2)
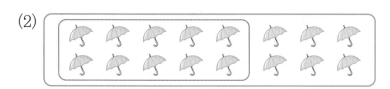

10개씩 묶음 **1**개와 낱개 □ 개는 □ 이고 (십육, 십칠) 이라고 읽습니다.

🍂 빈 곳에 알맞은 수나 말을 써넣으세요. [1~7]

1

8보다 2만큼 더 큰 수를 ☐이라고 합니다.

10은 ☐ 또는 ☐이라고 읽습니다.

2

7보다 ☐만큼 더 큰 수를 10이라고 합니다.

3

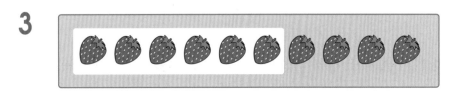

10은 6보다 ☐만큼 더 큰 수입니다.

4

7   3 → ☐

5

5   ☐ → 10

6

10 → 1   ☐

7

10 → ☐   2

🍂 빈 곳에 알맞은 수나 말을 써넣으세요. [8~12]

8

10개씩 묶음 **1**개와 낱개 **3**개는 ☐ 입니다.

9

10개씩 묶음 **1**개와 낱개 **4**개는 ☐ 입니다.

10

10개씩 묶음 **1**개와 낱개 **1**개는 ☐ 입니다.

11

10개씩 묶음 ☐ 개와 낱개 ☐ 개는 ☐ 입니다.

12

10개씩 묶음 ☐ 개와 낱개 ☐ 개는 ☐ 입니다.

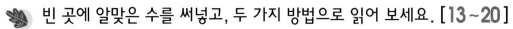

빈 곳에 알맞은 수를 써넣고, 두 가지 방법으로 읽어 보세요. [13~20]

13

10개씩 묶음 **1**개와 낱개 **3**개 ⇒ ☐ ⇒ (☐ , ☐)

14 10개씩 묶음 **1**개와 낱개 **2**개 ⇒ ☐ ⇒ (☐ , ☐)

15 10개씩 묶음 **1**개와 낱개 **5**개 ⇒ ☐ ⇒ (☐ , ☐)

16 10개씩 묶음 **1**개와 낱개 **7**개 ⇒ ☐ ⇒ (☐ , ☐)

17 10개씩 묶음 **1**개와 낱개 **4**개 ⇒ ☐ ⇒ (☐ , ☐)

18 10개씩 묶음 **1**개와 낱개 **8**개 ⇒ ☐ ⇒ (☐ , ☐)

19 10개씩 묶음 **1**개와 낱개 **6**개 ⇒ ☐ ⇒ (☐ , ☐)

20 10개씩 묶음 **1**개와 낱개 **9**개 ⇒ ☐ ⇒ (☐ , ☐)

빈칸에 수를 쓰고, 수의 크기를 비교하여 알맞은 말에 ◯표 하세요. [21~23]

21

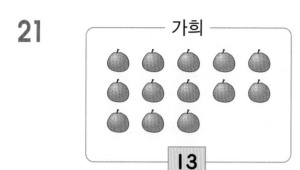

가희

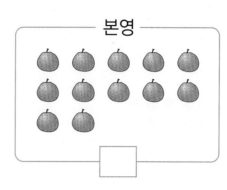

본영

가희의 🍎는 본영이보다 (많습니다, 적습니다).

13은 ☐ 보다 (큽니다, 작습니다).

22

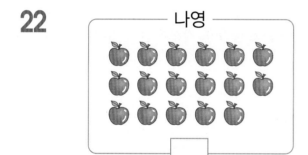

나영

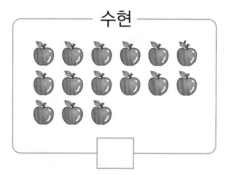

수현

수현이의 🍎는 나영이보다 (많습니다, 적습니다).

15는 ☐ 보다 (큽니다, 작습니다).

23

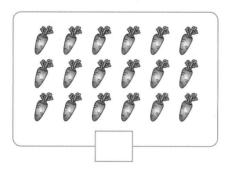

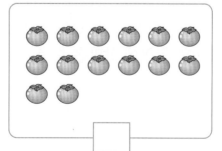

🥕은 🍅보다 (많습니다, 적습니다).

18은 ☐ 보다 (큽니다, 작습니다).

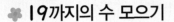

step 1 원리 꼼꼼

2. 십몇 모으기와 가르기

🍀 19까지의 수 모으기

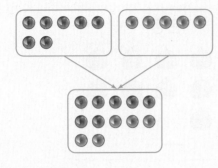

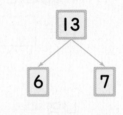

7과 5를 모으기 하면 12가 됩니다.

🍀 19까지의 수 가르기

13은 6과 7로 가르기할 수 있습니다.

 원리 확인 ① 그림을 보고 ◯ 안에 알맞은 수를 써넣으세요.

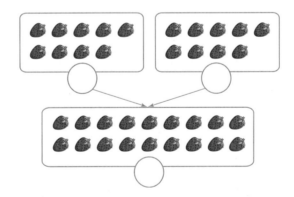

 원리 확인 ② 그림을 보고 ◯ 안에 알맞은 수를 써넣으세요.

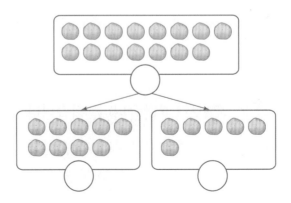

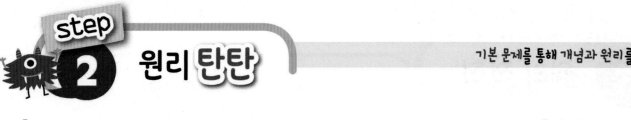
1 빈칸에 알맞은 수를 써넣으세요.

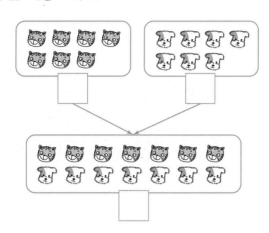

1. 한 수를 기준으로 다음 수만큼 차례로 세어 봅니다.

2 빈칸에 알맞은 수를 써넣으세요.

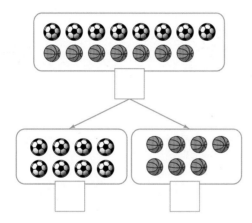

3 모으기를 해 보세요.

(1)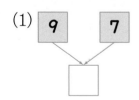

(2)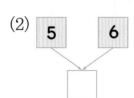

4 가르기를 해 보세요.

(1)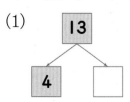

(2)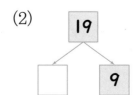

step 3 원리 척척

🍂 모으기를 해 보세요. [1~3]

1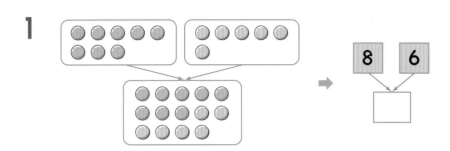

2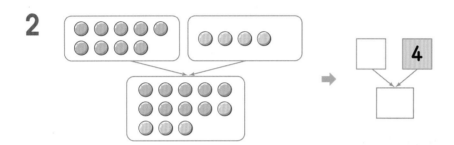

3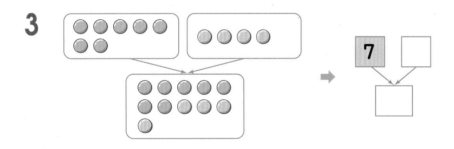

🍂 빈칸에 알맞은 수를 써 보세요. [4~7]

4

| 3 | 9 |

5

| 6 | 6 |

6

| 5 | 8 |

7

| 7 | 9 |

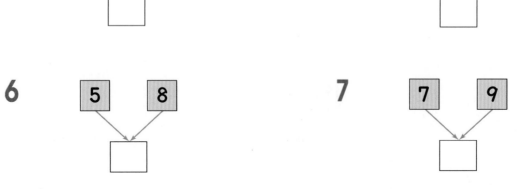

빈칸에 ◉을 알맞게 그리고, 주어진 수를 가르기 해 보세요. [8~10]

8

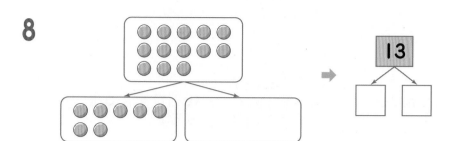

13

9

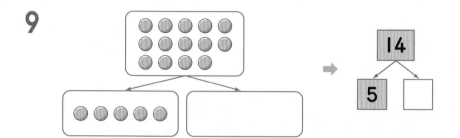

14

5

10

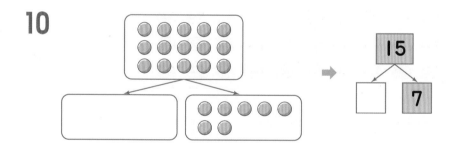

15

7

빈칸에 알맞은 수를 써 보세요. [11~14]

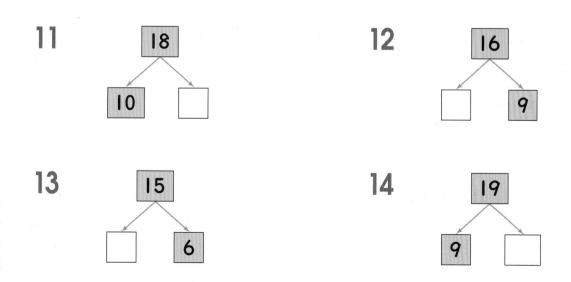

11

18

10

12

16

9

13

15

6

14

19

9

step 1 원리 꼼꼼

3. 몇십 알아보기

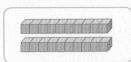 10개씩 묶음 **2**개
→ **20**
(이십, 스물)

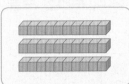 10개씩 묶음 **3**개
→ **30**
(삼십, 서른)

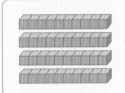 10개씩 묶음 **4**개
→ **40**
(사십, 마흔)

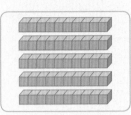 10개씩 묶음 **5**개
→ **50**
(오십, 쉰)

원리 확인 ① 그림을 보고 물음에 답하세요.

(1) 도토리는 10개씩 묶음이 ☐개이므로 모두 ☐개입니다.

(2) 밤을 10개씩 묶어보세요.

(3) 밤은 10개씩 묶음이 ☐개이므로 모두 ☐개입니다.

(4) ☐ 안에 알맞은 수를 써넣고 알맞은 말에 ○표 하세요.

☐은 **20**보다 큽니다.

→ 🌰은 🌰보다 (많습니다, 적습니다).

1 □ 안에 알맞은 수를 써넣으세요.

(1) **40**은 **10**개씩 묶음이 □개입니다.

(2) **50**은 **10**개씩 묶음이 □개입니다.

● **1.** ■0은 10개씩 묶음이
■개입니다.

2 다음과 같이 수를 두 가지 방법으로 읽어 보세요.

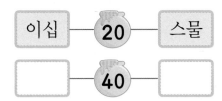

이십 — 20 — 스물

□ — 40 — □

● **2.** 수는 두 가지 방법으로 읽을 수 있습니다.

3 그림을 보고 □ 안에 알맞은 수를 써넣으세요.

(1)
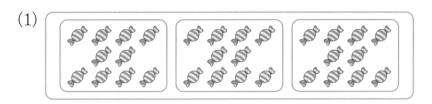

10개씩 묶음이 **3**개이므로 □입니다.

(2)
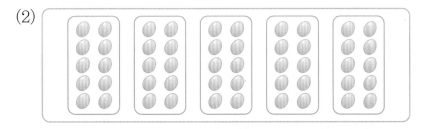

10개씩 묶음이 □개이므로 □입니다.

(3) 🍬은 ⚪보다 적습니다.

➡ □은 □보다 작습니다.

● **3.** 10개씩 묶음이
■개이면 ■0입니다.

5
단원

4 수로 써 보세요.

(1) 서른 ➡ (   )   (2) 스물 ➡ (   )

(3) 마흔 ➡ (   )   (4) 쉰   ➡ (   )

🍂 ☐ 안에 알맞은 수를 써넣고 알맞은 말에 ○표 하세요. [1~5]

1
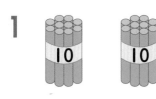

20은 **10**개씩 묶음이 ☐ 개입니다.

2

30은 **10**개씩 묶음이 ☐ 개입니다.

3

10개씩 묶음 **4**개는 ☐ 이므로 ●은 (서른, 마흔)개입니다.

4
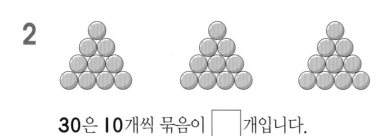

10개씩 묶음 **2**개는 ☐ 이므로 의 수는 (이십, 삼십)입니다.

5

10개씩 묶음 **5**개는 ☐ 이므로 는 (스물, 쉰)개입니다.

🍂 □ 안에 알맞은 수나 말을 써넣으세요. [6~10]

6

10개씩 묶음 □개는 □이고, □ 또는 □이라고 읽습니다.

7

10개씩 묶음 □개는 □이고, □ 또는 □이라고 읽습니다.

8

10개씩 묶음 □개는 □이고, □ 또는 □이라고 읽습니다.

9

10개씩 묶음 □개는 □이고, □ 또는 □이라고 읽습니다.

10

10개씩 묶음 □개는 □이고, □ 또는 □이라고 읽습니다.

4. 50까지의 수를 세어 보기

- 10개씩 묶음 **2**개와 낱개 **3**개를 **23**이라고 합니다.
  23은 이십삼 또는 스물셋이라고 읽습니다.

10개씩 묶음	낱개
2	3

➡ (이십삼, 스물셋)

- 10개씩 묶음 **3**개와 낱개 **1**개를 **31**이라고 합니다.
  31은 삼십일 또는 서른하나라고 읽습니다.

10개씩 묶음	낱개
3	1

➡ (삼십일, 서른하나)

원리 확인 **1** 딸기가 모두 몇 개인지 알아보세요.

(1) 딸기는 10개씩 ☐ 접시입니다.

(2) 접시에 담고 남은 딸기는 ☐ 개입니다.

(3) 딸기는 모두 ☐ 개입니다.

원리 확인 **2** 귤이 모두 몇 개인지 알아보세요.

(1) 귤은 10개씩 몇 묶음입니까?

(   )

(2) 10개씩 묶고 남은 귤은 몇 개입니까?

(   )

(3) 귤은 모두 몇 개입니까?

(   )

1 그림을 보고 □ 안에 알맞은 수를 써넣으세요.

(1)

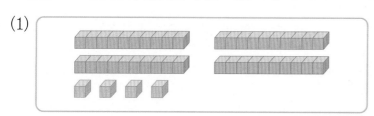

10개씩 묶음 **4**개와 낱개 **4**개는 [ ]입니다.

(2)

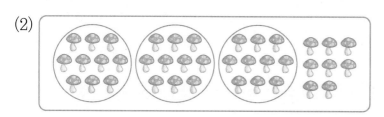

10개씩 묶음 **3**개와 낱개 [ ]개는 [ ]입니다.

● **1.** 10개씩 몇 묶음이고 낱개가 몇 개인지 세어 봅니다.

2 다음과 같이 수를 두 가지 방법으로 읽어 보세요.

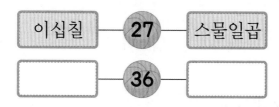

| 이십칠 — 27 — 스물일곱 |
| [ ] — 36 — [ ] |

● **2.** 수는 두 가지 방법으로 읽을 수 있습니다.

3 당근은 모두 몇 개인지 세어 보세요.

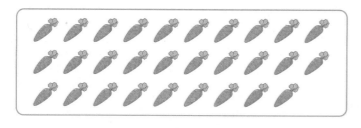

당근을 10개씩 묶으면 [ ]묶음이고 묶고 남은 당근은 [ ]개

이므로 당근은 모두 [ ]개입니다.

● **3.** 당근을 10개씩 묶어 봅니다.

그림을 보고 □ 안에 알맞은 수를 써넣으세요. [1~5]

1

10개씩 묶음 ☐ 개와 낱개 **7**개는 ☐ 입니다.

2

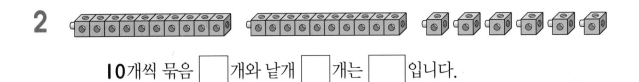

10개씩 묶음 ☐ 개와 낱개 ☐ 개는 ☐ 입니다.

3

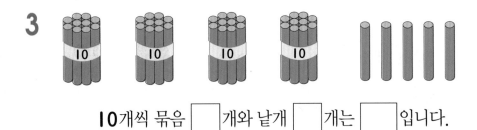

10개씩 묶음 ☐ 개와 낱개 ☐ 개는 ☐ 입니다.

4

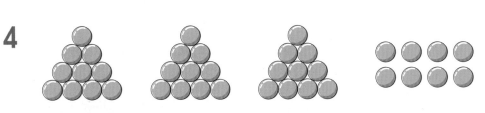

10개씩 묶음 ☐ 개와 낱개 ☐ 개는 ☐ 입니다.

5

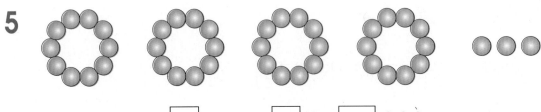

10개씩 묶음 ☐ 개와 낱개 ☐ 개는 ☐ 입니다.

다음을 [보기]와 같이 ☐ 안에 알맞은 수를 쓰고, 바르게 읽은 것을 찾아 ◯표 하세요. [6~10]

10개씩 묶음	낱개
2	1

➡ 21

(이십이, 스물하나)

6

10개씩 묶음	낱개
2	9

➡ ☐

(이십구, 스물다섯)

7

10개씩 묶음	낱개
4	2

➡ ☐

(사십일, 마흔둘)

8

10개씩 묶음	낱개
3	4

➡ ☐

(사십사, 서른넷)

9

10개씩 묶음	낱개
2	5

➡ ☐

(이십오, 서른다섯)

10

10개씩 묶음	낱개
4	8

➡ ☐

(사십팔, 마흔일곱)

5. 50까지의 수의 순서 알아보기

🍀 50까지의 배열표

수를 순서대로 늘어놓았을 때, 바로 뒤의 수는 1만큼 더 큰 수이고, 바로 앞의 수는 1만큼 더 작은 수입니다.

1만큼 더 큰 수

1	2	3	4	5	6	7	8	9	10
11	12	13	14	15	16	17	18	19	20
21	22	23	24	25	26	27	28	29	30
31	32	33	34	35	36	37	38	39	40
41	42	43	44	45	46	47	48	49	50

1만큼 더 작은 수

🍀 수직선을 이용하여 수의 순서 알아보기

22 23 24 25 26

22는 **23**보다 1만큼 더 작은 수이고 **26**은 **25**보다 1만큼 더 큰 수입니다.
23, **24**, **25**는 **22**와 **26** 사이에 있는 수입니다.

원리 확인 **1** 수의 순서에 따라 점을 이어 그림을 완성해 보세요.

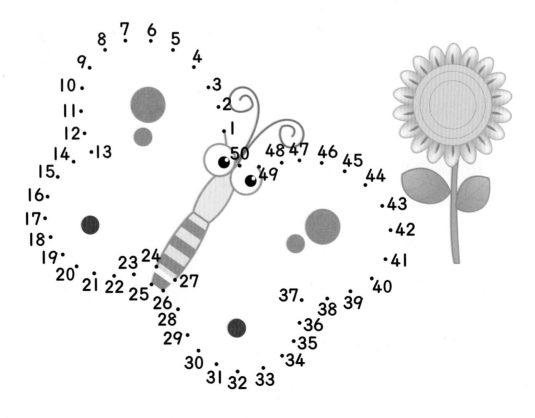

1 1부터 50까지의 수를 순서대로 쓴 것입니다. 빈칸에 알맞은 수를 써 넣으세요.

1	2	3	4	5	6	7		9	10
11	12	13	14		16	17	18		20
21			24	25			28	29	30
31	32	33		35	36	37			40
41	42			45	46			49	

1. 1부터 50까지의 수의 순서를 알아봅니다.

2 수직선을 보고 ☐ 안에 알맞은 수를 써넣으세요.

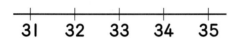

(1) 31보다 1만큼 더 큰 수는 ☐ 입니다.

(2) 34보다 1만큼 더 작은 수는 ☐ 입니다.

(3) ☐ 는 33과 35 사이의 수입니다.

2. 수를 순서대로 늘어 놓을 때에 바로 뒤의 수는 1만큼 더 큰 수이고, 바로 앞의 수는 1만큼 더 작은 수입니다.

3 수의 순서에 맞게 빈 곳에 알맞은 수를 써넣으세요.

(1)
(2)

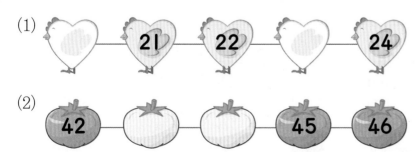

3.
(1) 1만큼 더 큰 수와 1만큼 더 작은 수를 알아봅니다.
(2) 사이의 수를 알아봅니다.

5
단원

🍂 수의 순서에 맞게 빈 곳에 알맞은 수를 써넣으세요. [1~6]

1

| 7 | 8 | | 10 | 11 | | 13 |

2

| 20 | | 22 | 23 | | 25 | 26 |

3

| | 26 | | 28 | | 30 | 31 |

4

| 35 | | | 38 | 39 | | 41 |

5

| | 45 | | 47 | | 49 | |

6

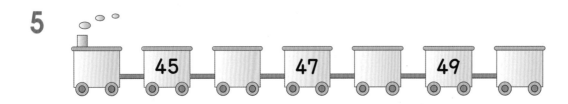

1	2	3	4			7			10
	12			15	16			19	
		23			26		28		30
31			34	35		37		39	
	42	43		45	46		48		

🍃 빈 곳에 알맞은 수를 써넣으세요. [7~12]

7 Ⅰ만큼 더 작은 수　　Ⅰ만큼 더 큰 수

8 Ⅰ만큼 더 작은 수　　Ⅰ만큼 더 큰 수

9 Ⅰ만큼 더 작은 수　　Ⅰ만큼 더 큰 수

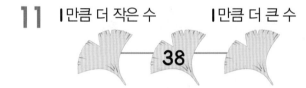

10 Ⅰ만큼 더 작은 수　　Ⅰ만큼 더 큰 수

11 Ⅰ만큼 더 작은 수　　Ⅰ만큼 더 큰 수

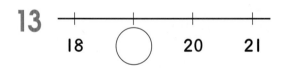

12 Ⅰ만큼 더 작은 수　　Ⅰ만큼 더 큰 수

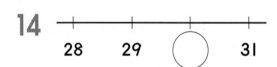

🍃 수의 순서에 맞게 ○ 안에 알맞은 수를 써넣으세요. [13~18]

13

18　○　20　21

14

28　29　○　31

15

24　25　○　27

16

32　33　○　35

17

41　○　○　44

18

47　○　○　50

원리 꼼꼼

6. 수의 크기 비교하기

- 10개씩 묶음의 수가 다른 경우에는 10개씩 묶음의 수가 더 큰 쪽이 더 큰 수입니다.

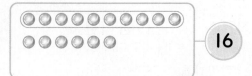

➡ 25는 16보다 큽니다.
16은 25보다 작습니다.

- 10개씩 묶음의 수가 같은 경우에는 낱개의 수가 더 큰 쪽이 더 큰 수입니다.

➡ 17은 14보다 큽니다.
14는 17보다 작습니다.

원리 확인 ① 수 모형을 보고 알맞은 수를 써넣으세요.

18   21

(1) 18은 십 모형이 ☐개, 21은 십 모형이 ☐개입니다.

(2) 18과 21 중에서 십 모형의 수가 더 많은 것은 ☐입니다.

(3) 18과 21 중에서 더 큰 수는 ☐입니다.

원리 확인 ② 그림을 보고 알맞은 말에 ○표 하세요.

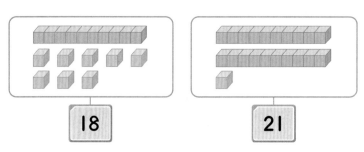

(1) 33은 31보다 (큽니다, 작습니다).

(2) 31은 33보다 (큽니다, 작습니다).

step 2 원리 <u>탄탄</u>

1 그림을 보고 알맞은 수나 말에 ○표 하세요.

34   32

(1) 34와 32는 10개씩 묶음의 수는 (같고, 다르고)
  낱개의 수가 더 큰 수는 (**34**, 32)입니다.

(2) 34는 32보다 (큽니다, 작습니다).

1. 10개씩 묶음의 수가 같을 때에는 낱개의 수가 더 큰 쪽이 더 큰 수입니다.

2 그림을 보고 □ 안에 알맞은 수를 써넣으세요.

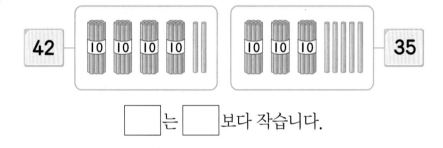

42   35

□는 □보다 작습니다.

2. 10개씩 묶음의 수가 다를 때에는 10개씩 묶음의 수가 더 큰 쪽이 더 큰 수입니다.

3 알맞은 수에 ○표 하세요.

(1) 28과 30 중에서 더 큰 수는 (28, **30**)입니다.

(2) 46과 43 중에서 더 큰 수는 (**46**, 43)입니다.

3. 먼저 10개씩 묶음의 수를 비교하고, 10개씩 묶음의 수가 같으면 낱개의 수를 비교합니다.

4 더 작은 수에 색칠해 보세요.

(1)

27

24

(2)

36

41

🍂 그림이 나타내는 수를 알아보고 ☐ 안에 알맞은 수를 써넣으세요. [1~4]

1

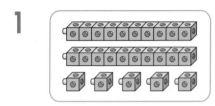 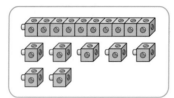

☐는 ☐보다 큽니다. ☐은 ☐보다 작습니다.

2

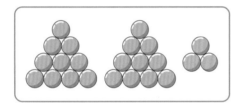 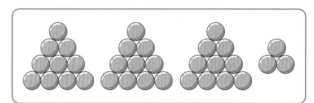

☐은 ☐보다 작습니다. ☐은 ☐보다 큽니다.

3

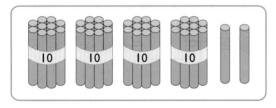 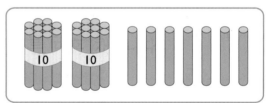

☐는 ☐보다 큽니다. ☐은 ☐보다 작습니다.

4

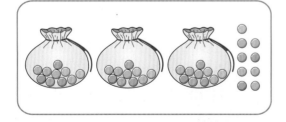 

☐는 ☐보다 큽니다. ☐은 ☐보다 작습니다.

🍃 더 큰 수에 ◯표 하세요. [5~10]

5 | 18 | 20 |

6 | 41 | 30 |

7 | 32 | 38 |

8 | 45 | 41 |

9 | 29 | 31 |

10 | 36 | 28 |

🍃 더 작은 수에 △표 하세요. [11~16]

11 | 11 | 27 |

12 | 31 | 45 |

13 | 38 | 34 |

14 | 26 | 28 |

15 | 19 | 22 |

16 | 40 | 29 |

🍃 알맞은 수에 ◯표 하세요. [17~18]

17 19, 35, 32 중에서 (19, 35, 32)가 가장 큽니다.

18 27, 41, 26 중에서 (27, 41, 26)이 가장 작습니다.

01 그림을 보고, □ 안에 알맞은 수를 써 넣으세요.

02 ☆을 세어 보고, 빈칸에 알맞은 수를 써넣으세요.

☆ ☆ ☆ ☆ ☆ ☆ ☆ ☆ ☆ ☆
☆ ☆ ☆ ☆ ☆ ☆

10개씩 묶음	
낱개	

➡ □

03 □ 안에 알맞은 수를 써넣으세요.

10개씩 묶음 1개와 낱개 9개는 □ 입니다.

04 보기와 같이 수를 두 가지 방법으로 읽어 보세요.

보기
12 (십이, 열둘)

(1) 17 (,   )
(2) 14 (,   )

05 그림을 보고, 빈칸에 알맞은 수를 써 넣으세요.

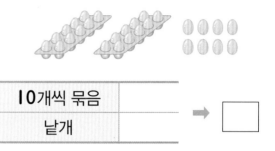

10개씩 묶음	
낱개	

➡ □

06 관계있는 것끼리 선으로 이어 보세요.

·   · 40 ·   · 사십
·   · 20 ·   · 삼십
·   · 30 ·   · 이십

07 □ 안에 알맞은 수를 써넣으세요.

43은 10개씩 묶음 □개와 낱개 □ 개입니다.

08 수로 써 보세요.

(1) 서른일곱 ➡ □

(2) 스물넷 ➡ □

(3) 마흔여덟 ➡ □

(4) 쉰 ➡ □

09 과자가 모두 몇 개인지 세어 보세요.

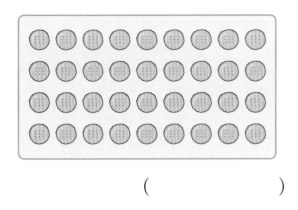

(   )

10 수의 순서에 맞게 □ 안에 알맞은 수를 써넣으세요.

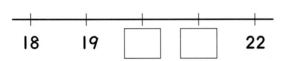

11 빈 곳에 알맞은 수를 써넣으세요.

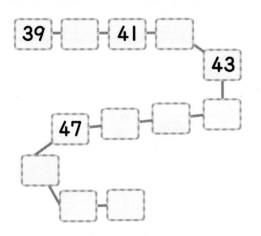

12 빈 곳에 알맞은 수를 써넣으세요.

(1) 1만큼 더 작은 수   1만큼 더 큰 수

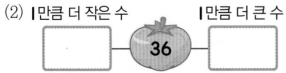

(2) 1만큼 더 작은 수   1만큼 더 큰 수

13 그림을 보고, □ 안에 알맞은 수를 써넣으세요.

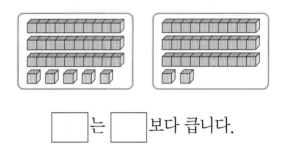

□ 는 □ 보다 큽니다.

14 더 큰 수에 ○표 하세요.

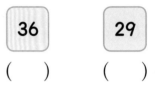

(   )   (   )

15 더 작은 수에 △표 하세요.

(   )   (   )

16 가장 큰 수에 ○표, 가장 작은 수에 △표 하세요.

(   )   (   )   (   )

17 작은 수부터 순서대로 빈 곳에 써넣으세요.

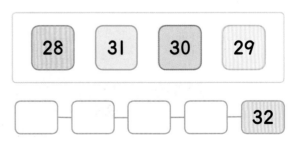

5
단원

01 □ 안에 알맞은 수를 써넣으세요.

(1) **10**은 **9**보다 ☐ 만큼 더 큽니다.

(2) **10**개씩 묶음 **1**개와 낱개 **4**개는 ☐ 입니다.

02 □ 안에 알맞은 수를 써넣으세요.

(1) **10**개씩 묶음 **5**개는 ☐ 입니다.

(2) **10**개씩 묶음 **4**개와 낱개 **7**개는 ☐ 입니다.

03 수를 두 가지 방법으로 읽어 보세요.

(1) **30**

(,   )

(2) **41**

(,   )

04 수의 순서에 맞게 빈 곳에 알맞은 수를 써넣으세요.

(1) **25**   **27**   **29**

(2) **38**   **41** **42**

05 빈칸에 알맞은 수를 써넣으세요.

(1) I만큼 더 작은 수   I만큼 더 큰 수

☐ — 28 — ☐

(2) I만큼 더 작은 수   I만큼 더 큰 수

☐ — 41 — ☐

06 두 수를 모아서 **17**이 되는 수끼리 선으로 이어 보세요.

| 10 | 9 | 8 | 12 | 11 |

| 8 | 7 | 6 | 5 | 9 |

07 알맞은 말이나 수에 ○표 하세요.

(1) **28**은 **17**보다 (큽니다, 작습니다).

(2) **28**은 **33**보다 (큽니다, 작습니다).

(3) **28, 17, 33** 중에서 (**28, 17, 33**)이 가장 큽니다.

08 더 큰 수에 ○표 하세요.

(1) | 25 | 39 |

(2) | 46 | 40 |

09 가장 큰 수에 ○표, 가장 작은 수에 △표 하세요.

(1)

| 40 | 23 | 39 |

(2)

| 24 | 27 | 20 |

10 큰 수부터 순서대로 쓰세요.

| 20 | 32 | 45 | 29 | 17 |

( )

11 사과가 32개 있고 복숭아는 38개 있습니다. 사과와 복숭아 중 더 많은 것은 어느 것인가요?

( )

12 노란색 풍선이 27개, 파란색 풍선이 42개, 빨간색 풍선이 25개 있습니다. 가장 적은 풍선은 어느 것인가요?

( )

개념과 원리를 다지고
계산력을 키우는

왕수학

개념+연산

정답과 풀이

1-1

(주)에듀왕

정답과 풀이

1-1

1. 9까지의 수

step 1 원리 꼼꼼   6쪽

원리 확인 **1**

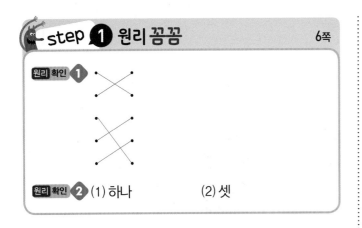

원리 확인 **2** (1) 하나   (2) 셋

step 2 원리 탄탄   7쪽

1 (1) **2**   (2) **3**

   (3) **4**

2

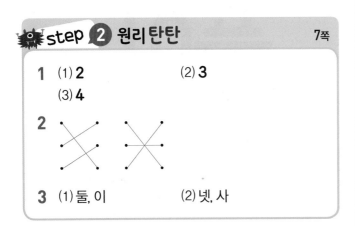

3 (1) 둘, 이   (2) 넷, 사

step 3 원리 척척   8~9쪽

1
2
3
4
5

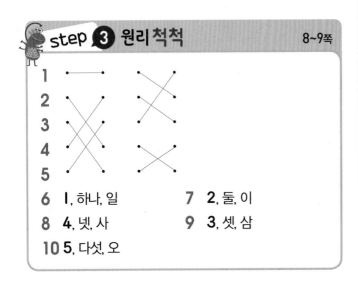

6 **1**, 하나, 일   **7** **2**, 둘, 이

8 **4**, 넷, 사   **9** **3**, 셋, 삼

10 **5**, 다섯, 오

step 1 원리 꼼꼼   10쪽

원리 확인 **1** (1)

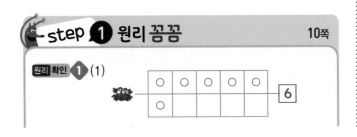

(2)

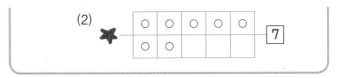

step 2 원리 탄탄   11쪽

1 **7**   **2**

3

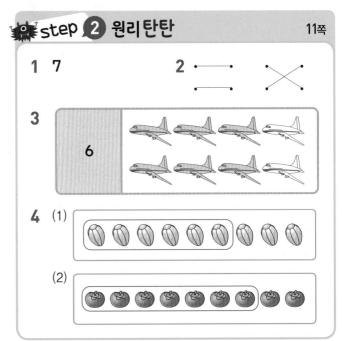

4 (1)

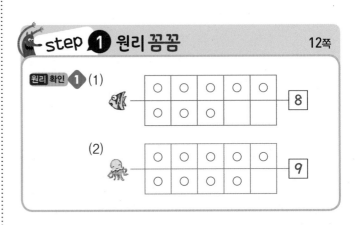

(2)

step 1 원리 꼼꼼   12쪽

원리 확인 **1** (1)

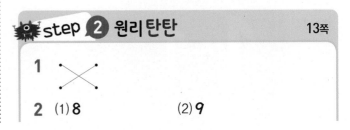

(2)

step 2 원리 탄탄   13쪽

1

2 (1) **8**   (2) **9**

3

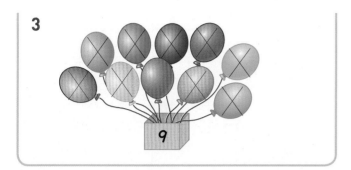

2 (1) 오이는 **8**개입니다.
(2) 당근은 **9**개입니다.

3 풍선 **9**개에 ×표 합니다.

step **1** 원리꼼꼼   18쪽

원리확인 1 3, 6, 8

원리확인 2 3, 4, 5, 6, 9

   (1) 호랑이   (2) 기린

   (3) 오리

step **2** 원리탄탄   19쪽

1

일곱	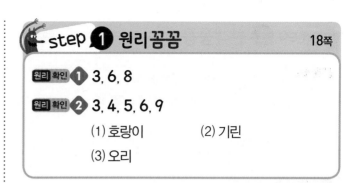
일곱째	

2   **3** 셋째, 다섯째

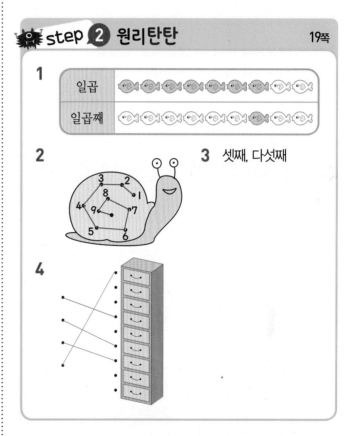

4

step **3** 원리척척   14~17쪽

1 6, 7

2

3

4

5

6 6   **7** 8

8 7   **9** 9

10 8   **11** 7

12 8

13 6

14 7

15 9

16 7, 일곱, 칠   **17** 6, 여섯, 육

18 8, 여덟, 팔   **19** 9, 아홉, 구

step **3** 원리척척   20~21쪽

1 3, 5, 7   **2** 8, 6, 4

3 2, 5, 6, 8, 9   **4** 1, 3, 4, 6, 7, 9

5 7, 5, 4, 2   **6** 넷째

7 둘째   **8** 파란색

9 빨간색   **10** 셋째, 일곱째

11 위에서   **12** 아래에서

13 위에서   **14** 아래에서

15 다섯째

원리 확인 1
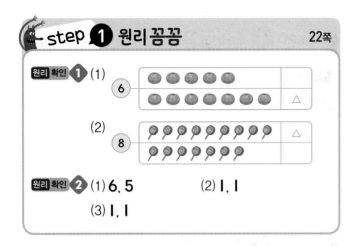

원리 확인 2 (1) 6, 5   (2) 1, 1
                (3) 1, 1

1   (1) 여섯보다 하나 더 많은 것은 일곱입니다.
     (2) 여덟보다 하나 더 많은 것은 아홉입니다.

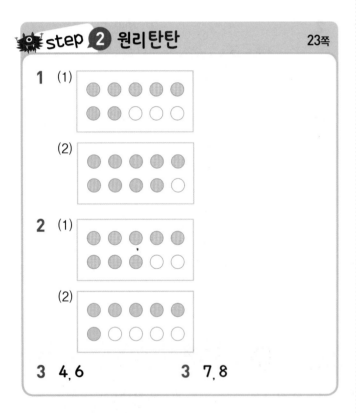

3   4, 6   3   7, 8

1   3   2   4
3   7   4   2
5   8   6   0

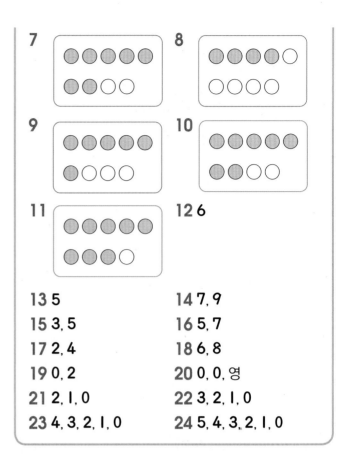

13 5   14 7, 9
15 3, 5   16 5, 7
17 2, 4   18 6, 8
19 0, 2   20 0, 0, 영
21 2, 1, 0   22 3, 2, 1, 0
23 4, 3, 2, 1, 0   24 5, 4, 3, 2, 1, 0

원리 확인 1 (1) 6, 8

① 적습니다, 작습니다

② 많습니다, 큽니다

1   (1) 7, 6   (2) 6
     (3) 7
2   (1) 7   (2) 8
     (3) 8
3   5

3   5는 8보다 작습니다.

1 3, 5, 5, 3   **2** 4, 8 / 8, 4, 4, 8

3 6, 9 / 6, 9, 9, 6   **4** 1, 4 / 1, 4, 4, 1

5 2, 7 / 7, 2, 2, 7   **6** 7

7 9   **8** 8

9 9   **10** 6

11 7   **12** 3

13 5   **14** 4

15 3   **16** 7

17 5   **18** 적습니다, 2, 3

19 많습니다, 2, 1   **20** 적습니다, 4, 5

21 적습니다, 7, 9   **22** 많습니다, 8, 6

23 , 7

24 , 2

25 , 8

26 , 2

27 9, 4   **28** 5, 2

29 7, 4   **30** 9, 3

31 7, 1   **32** 8, 0

33 6, 8   **34** 1, 3, 5

35 6, 7, 8   **36** 3, 4, 5

37 7, 9 / 2, 4, 6

01 7

02 6

03 (1) 9   (2) 8

04 셋, 삼   **05** 3, 5, 6, 8, 9

06

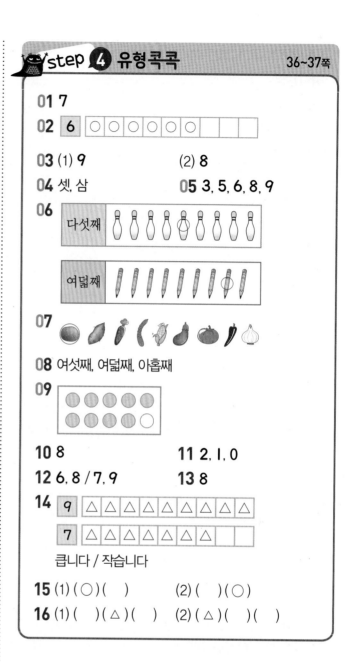

07

08 여섯째, 여덟째, 아홉째

09

10 8   **11** 2, 1, 0

12 6, 8 / 7, 9   **13** 8

14

큽니다 / 작습니다

15 (1) (○)( )   (2) ( )(○)

16 (1) ( )(△)( )   (2) (△)( )( )

단원평가   38~40쪽

01

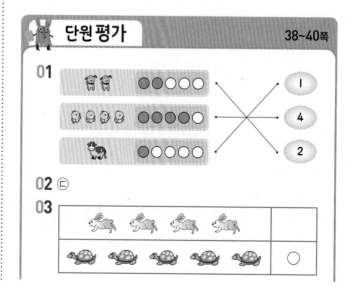

02 ㉢

03

04 (왼쪽) △△△, (오른쪽) ○○○○○

05 0, 영

06 5, 4

07 첫째, 셋째, 다섯째, 여섯째, 여덟째

08

09 (1) 5, 6　　　　(2) 4, 7, 8

10 (1) 4, 6　　　　(2) 2, 4

11

6	△ △ △ △ △ △
9	△ △ △ △ △ △ △ △ △

, 작습니다

12 (1) 9, 3　　　　(2) 3, 4, 5

---

01 사물의 개수를 센 다음 그 개수만큼 색칠하고, **1**, **4**, **2** 중 어느 수와 같은지 알아봅니다.

02 ㉠, ㉡, ㉣은 모두 **6**을 나타내지만 ㉢은 **7**을 나타낸다.

03 토끼는 **4**마리, 거북이는 **5**마리 있습니다. 다섯은 넷보다 하나 더 많습니다.

04 넷보다 하나 더 적은 것은 셋이고, 넷보다 하나 더 많은 것은 다섯입니다.

07 거북이가 왼쪽에서 넷째에 있으므로 왼쪽에서부터 순서를 셉니다. 따라서 원숭이는 첫째에, 개는 셋째에, 고양이는 다섯째에, 닭은 여섯째에, 사자는 여덟째에 있습니다.

08 여섯은 개수를 나타내므로 모양 **6**개를 색칠하고, 여섯째는 순서를 나타내므로 여섯째 모양에만 색칠합니다.

11 △를 주어진 수만큼 그리고 짝지어 보면 모자란 쪽은 **6**입니다. ➡ **6**은 **9**보다 작습니다.

2. 여러 가지 모양

step 1 원리 꼼꼼
42쪽

원리 확인 1

(1)

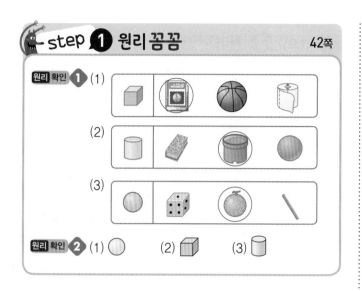

(2)

(3)

원리 확인 2 (1) ○   (2) 육면체   (3) 원기둥

step 2 원리 탄탄
43쪽

1 (△)(□)(○)   2
  (△)(○)(□)

3 (1) 2   (2) 3
  (3) 2

1 상자 모양은 주사위, 냉장고입니다. 둥근기둥 모양은 초, 북입니다. 공 모양은 축구공, 탁구공입니다.

2 음료수 캔은 원기둥 모양, 골프공은 ○ 모양, 전자레인지는 상자 모양입니다.

3 (1) 수학책, 귤 상자 ➡ 2개
  (2) 분유 캔, 컵, 풀 ➡ 3개
  (3) 볼링공, 구슬 ➡ 2개

step 3 원리 척척
44~45쪽

1 (1) 나, 라   (2) 가, 마   (3) 다

2

3

4

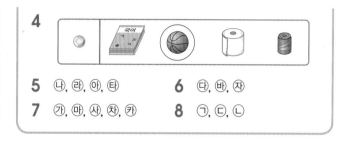

5 나, 라, 아, 타   6 다, 바, 자

7 가, 마, 사, 차, 카   8 ㄱ, ㄷ, ㄴ

step 1 원리 꼼꼼
46쪽

원리 확인 1 (1) 가   (2) 나
           (3) 다

1 (1) 평평한 부분과 뾰족한 부분이 모두 있는 모양은 상자 모양입니다.

  (2) 둥근 부분과 평평한 부분이 모두 있는 모양은 원기둥 모양입니다.

  (3) 평평한 부분이 없고, 모든 부분이 둥근 모양은 ○ 모양입니다.

step 2 원리 탄탄
47쪽

1 (1)

(2)

(3)

2

3 (○)(   )(   )

1 (1) 모양은 지우개입니다.

(2) 모양은 컵입니다.

(3) 모양은 비치볼입니다.

1 (1) 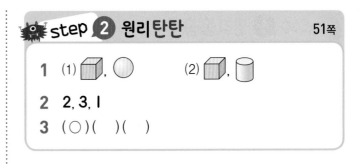,　(2)

2 2, 3, 1

3 (○)(　)(　)

1 (1) 모양 **2**개, 모양 **2**개로 만든 모양입니다.

(2) 모양 **2**개, 모양 **3**개로 만든 모양입니다.

1

2 ✕

3

4 ㉠, ㉾

5 ㉢, ㉣, ㉫

6 ㉡, ㉣, ㉪

7

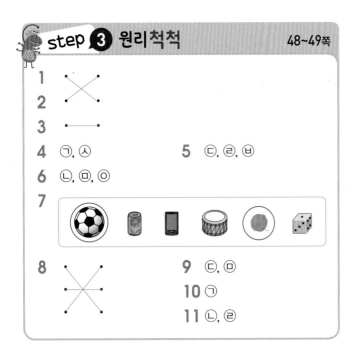

8 ✕

9 ㉢, ㉣

10 ㉠

11 ㉡, ㉣

7 모양과 모양은 평평한 부분이 있어 쌓을 수 있습니다. 모양은 둥근 부분만 있어서 쌓을 수 없습니다.

1 1, 3, 1　　**2** 1, 3, 2

3 1, 5, 4　　**4** 5, 6, 3

5 3, 3, 1　　**6** 2, 6, 0

7 2, 4, 3　　**8** 2, 3, 1

원리 확인 **1** (1) 2　　(2) 2

(3) 1

원리 확인 **2** (1) 1　　(2) 3

(3) 2

2 중복해서 세지 않도록 표시를 하면서 셉니다.

01 (　)(○)(　)　**02** (　)(　)(○)

03 (○)(　)(　)　**04** 모양

05 (△)(△)(　)(　)

06 (○)(　)(　)(○)

07 (　)(□)(□)(　)

08 (△)(○)(□)
(○)(□)(△)

09 3개　　**10** 2개

11 (1) **3**개　　(2) ㉢

12 모양　　**13** 1개

14 3개　　**15** 2개

16 ㉡

06 오렌지와 지구본이 ◯ 모양입니다.
큐브는 ⬜ 모양, 양초는 ⬭ 모양입니다.

07 서랍장과 초코빵이 ⬜ 모양입니다.
볼링공은 ◯ 모양, 콜라캔은 ⬭ 모양입니다.

10 ⬭ 모양은 둥근 부분과 평평한 부분이 있어 눕히면
잘 굴러갑니다.

16 ⬜ 모양이 1개로 가장 적게 사용하였습니다.

01 딱풀은 ⬭ 모양입니다.

02 농구공 ― ◯ 모양, 음료수 캔 ― ⬭ 모양,
주사위 ― ⬜ 모양

09 ⬜ 모양과 ⬭ 모양은 평평한 부분이 있어 위로 잘
쌓을 수 있습니다.

11 크기나 색깔에 관계없이 모양만을 살펴봅니다.

단원평가　　56~58쪽

01 ( )( )(×)( )

02

03

04 ( )(×)( )　　**05** ㉢, ㉣, ㉤, ㉥
06 ㉠, ㉦　　**07** ㉡, ㉥, ㉧
08 석기　　**09** 6
10 ◯ 모양
11 (1) 3　　(2) 7
　　(3) 2
12 4

3. 덧셈과 뺄셈

step ① 원리 꼼꼼 60쪽

원리 확인 ① (1) 1, 3 　　　　(2) 3, 4

1 (1) 3은 2와 1로 가를 수 있고, 1과 2를 모으면 3이 됩니다.
　　(2) 4는 1과 3으로 가를 수 있고, 2와 2를 모으면 4가 됩니다.

step ② 원리탄탄 61쪽

1 (1) 1, 1 　　　　(2) 2, 5
2 (1) ○ 　　　　(2) ○○○○
3 (1) 1 　　　　(2) 3
　　(3) 1 　　　　(4) 5

1 (1) 아이스크림 2개는 1개와 1개로 가를 수 있습니다.
　　(2) 빵 3개와 2개를 모으면 5개가 됩니다.

2 (1) 지우개 3개는 2개와 1개로 가를 수 있습니다.
　　(2) 지우개 3개와 1개를 모으면 4개가 됩니다.

3 (3) 4는 3과 1로 가를 수 있습니다.
　　(4) 1과 4를 모으면 5가 됩니다.

step ③ 원리척척 62~63쪽

1 2		**2** 1, 3	
3 2, 3		**4** 2, 1	
5 3, 1		**6** 3, 2	
7 1, 3, 4		**8** 2, 2, 4	
9 3, 2, 5		**10** 4, 1, 3	
11 5, 1, 4		**12** 5, 3, 2	

step ① 원리 꼼꼼 64쪽

원리 확인 ① 3, 6
원리 확인 ② 6, 8

1 6은 3과 3으로 가를 수 있고, 1과 5를 모으면 6이 됩니다.

2 8은 2와 6으로 가를 수 있고, 5와 3을 모으면 8이 됩니다.

step ② 원리탄탄 65쪽

1 (1) 5, 2 　　　　(2) 4, 8
2 ○○○○
3 (1) 5 　　　　(2) 9
　　(3) 6 　　　　(4) 7

1 (1) 밤 7개는 5개와 2개로 가를 수 있습니다.
　　(2) 도토리 4개와 4개를 모으면 8개가 됩니다.

2 달팽이 9마리는 5마리와 4마리로 가를 수 있습니다.

3 (1) 6은 1과 5로 가를 수 있습니다.
　　(2) 3과 6을 모으면 9가 됩니다.

step ③ 원리척척 66~69쪽

1 6		**2** 2, 7	
3 5, 6		**4** 1, 7	
5 6, 2		**6** 7, 5	
7 2, 6, 8		**8** 6, 3, 9	
9 5, 3, 8		**10** 5, 4, 9	
11 8, 4, 4		**12** 9, 3, 6	

13 6   14 8
15 7   16 9
17 8   18 6
19 7   20 8
21 8   22 9
23 1, 4 / 2, 3 / 3, 2 / 4, 1
24 1, 5 / 2, 4 / 3, 3 / 4, 2 / 5, 1
25 1, 6 / 2, 5 / 3, 4 / 4, 3 / 5, 2 / 6, 1
26 1, 7 / 2, 6 / 3, 5 / 4, 4 / 5, 3 / 6, 2 / 7, 1

step 1 원리 꼼꼼   70쪽

원리 확인 ❶ (1) 5, 3, 8   (2) 5, 3, 2
원리 확인 ❷ 6, 2, 4

step 2 원리 탄탄   71쪽

1   3, 4, 7   2   8, 5, 3
3   예) 빨간색 깃발은 2개이고 파란색 깃발은 5개이
     므로 파란색 깃발은 빨간색 깃발보다 3개 더 많
     습니다.
     빨간색 깃발 2개와 파란색 깃발 5개를 모으면
     모두 7개입니다.

step 3 원리 척척   72~73쪽

1   3, 2, 5   2   2, 2, 4
3   3, 3, 6   4   5, 4, 9
5   5, 3, 2   6   6, 3, 3
7   6, 2, 4   8   5, 2, 3

step 1 원리 꼼꼼   74쪽

원리 확인 ❶ (1) ○○○○○/○○
        (2) 6, 6   (3) 6, 6
원리 확인 ❷ 8 / 8, 8

step 2 원리 탄탄   75쪽

1   3, 5 / 3, 5 / 2, 3, 5
2 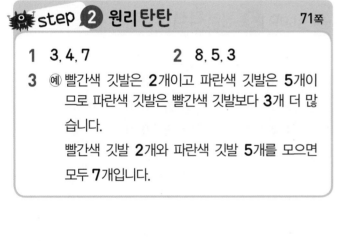 , 3, 7 / 4, 7
3   (1) 6 / 2, 6   (2) 6, 9 / 6, 3, 9

step 3 원리 척척   76~77쪽

1   3, 5 / 더하기, 5   2   5, 9 / 5, 합, 9
3   ■ , ■ , 7, 8
4   ■ , ■ , 4, 7
5   4   6   6
7   5   8   7
9   6   10   7
11   9   12   9
13   9   14   9
15   8   16   9
17   7   18   8

step ① 원리꼼꼼 78쪽

원리확인 ① (1) ○○○○○○⊘⊘⊘

  (2) 5, 5　　　　(3) 5, 5

원리확인 ② 5 / 5, 4, 5

step ② 원리탄탄 79쪽

1 (1) 4, 8−4=4　　(2) 3, 5−2=3

2 1, 7, 6, 1　　**3** 7, 4 / 7, 4 / 7, 3, 4

2 (고양이의 수)−(물고기의 수)
  =(더 많은 고양이의 수)
  ➡ 7−6=1
  ➡ 7과 6의 차는 1과 같습니다.

3 전체 야구공의 수에서 /으로 지운 야구공의 수를 빼면 남은 야구공의 수가 됩니다.

step ③ 원리척척 80~81쪽

1 5, 3, 빼기, 3　　**2** 6, 4, 2, 4, 차, 2

3 , 4, 4　　**4** , 9, 6

5 1　　**6** 1

7 2　　**8** 2

9 3　　**10** 4

11 1　　**12** 7

13 2　　**14** 4

15 2　　**16** 3

17 2　　**18** 3

step ① 원리꼼꼼 82쪽

원리확인 ① (1) 6, 0　　(2) 0, 6

원리확인 ② (1) 5, 5　　(2) 5, 0

step ② 원리탄탄 83쪽

1 5, 0, 0, 5　　**2** 0, 7

3 8　　**4**

2 왼쪽은 비어 있고, 오른쪽에는 당근이 **7**개 있으므로 모두 **7**개입니다.

4 7−0=7, 5−5=0, 6−0=6
  8−8=0, 0+7=7, 6+0=6

step ③ 원리척척 84~85쪽

1 0, 5　　**2** 4, 0

3 0, 6　　**4** 0, 5

5 6, 0　　**6** 0, 0

7 8, 0　　**8** 0, 0

9 6　　**10** 8

11 0　　**12** 0

13 3　　**14** 9

15 7　　**16** 8

17 2　　**18** 5

19 0　　**20** 0

21 0　　**22** 5

1 꽃 **5**송이와 **0**송이를 더하면 **5**송이가 됩니다.

4 비행기 **5**대에서 한 대도 빼지 않았으므로 **5**대가 그대로 남아 있습니다.

원리 확인 **1** (1) 6, 7, 8, 9 / 1　　(2) 7, 6, 5, 4 / 1

원리 확인 **2** (1) 8, 2, 6　　　　　(2) 6, 2, 8

1 1, 7 / 6, 7

2 (1) 6, 7, 8　　　(2) 5, 4, 3

3 (1) +　　　　(2) +
　　(3) −　　　　(4) −

4 4, 9

1 −	**2** +
3 +	**4** −
5 −	**6** +
7 +	**8** −
9 −	**10** −
11 +	**12** −
13 +	**14** +

15 4, 3, 7 / 3, 4, 7　　**16** 3, 2, 5 / 2, 3, 5
17 4, 2, 6 / 2, 4, 6　　**18** 3, 5, 8 / 5, 3, 8
19 5, 4, 9 / 4, 5, 9　　**20** 2, 3
21 2, 5　　　　　　　**22** 3, 4
23 8, 5, 3 / 8, 3, 5　　**24** 9, 3, 6 / 9, 6, 3
25 2, 3, 5 / 3, 2, 5 / 5, 2, 3 / 5, 3, 2
26 1, 5, 6 / 5, 1, 6 / 6, 1, 5 / 6, 5, 1
27 2, 5, 7 / 5, 2, 7 / 7, 2, 5 / 7, 5, 2
28 3, 6, 9 / 6, 3, 9 / 9, 3, 6 / 9, 6, 3

01 4, 2, 6　　　　　　**02** ○○○○○
03 8　　　　　　　　**04** 5−4
05 4　　　　　　　　**06** 5, 2
07 7, 2, 9
08

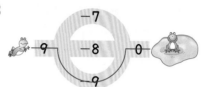

09 예 3, 4, 7
　　예 3 더하기 4는 7과 같습니다.
10 예 8, 5, 3
　　예 8 빼기 5는 3과 같습니다.
11

③+0=3	6−0=0
8−1=9	④+1=5

12 합 : 8, 차 : 0　　　　**13** −
14 9, −, 5, 4 / 4
15 7, 2, 5 / 7, 5, 2
16 0, 4, 4 / 1, 3, 4 / 2, 2, 4 / 3, 1, 4 / 4, 0, 4

03 책 **7**권과 책 **1**권을 모으면 **8**권입니다.

04 별 **5**개와 달 **4**개를 하나씩 짝짓고 남는 것을
　　 5−**4**라고 씁니다.

05 **9**를 **5**와 **4**로 가를 수 있습니다.

08 9−7=2, 9−8=1, 9−9=0

11 6−0=6, 8−1=7

13 5−4=1, 6−2=4

단원평가

94~96쪽

01 5, 3, 2   **02** 3, 4, 7

03 5   **04** 9

05 6, 4, 2 / 1, 3, 5, 7

06 3, 4, 7 / 8, 7, 4, 3, 1

07 4, 2 / 4 더하기 2   **08** 7, 3 / 7 빼기 3

09 5 / 2 더하기 3은 5와 같습니다. /
　　 2와 3의 합은 5입니다.

10 4, 5 / 9 빼기 4는 5와 같습니다. /
　　 9와 4의 차는 5입니다.

11 (1) 8   (2) 5
　　 (3) 8   (4) 0
　　 (5) 9   (6) 3

12 3, 9 / 9, 6 / 9, 3

13 (1) 7, 7   (2) 9, 9

14 4자루

01 몇과 몇으로 가르고 모았는지 살펴보고 □ 안에 알맞은 수를 씁니다.

03 7은 2와 5로 가를 수 있습니다.

04 4와 5를 모으면 9가 됩니다.

05 두 수를 모아 어떤 수를 만들 때 짝이 되는 수를 찾습니다.

07 두 수 ●와 ▲를 더하는 것은 '+' 기호를 써서 나타내고, ●+▲로 나타냅니다.

08 ●에서 ▲를 빼는 것은 '−' 기호를 써서 나타내고, ●−▲로 나타냅니다.

13 더하는 두 수를 바꾸어 더해도 답은 같습니다.

14 9−5=4(자루)

4. 비교하기

step ① 원리꼼꼼 98쪽

원리 확인 ① (1) 깁니다　　(2) 짧습니다

원리 확인 ② (1) 연필　　(2) 크레파스

1 자와 칼의 왼쪽 끝이 맞추어져 있으므로 오른쪽 끝의 위치를 살펴봅니다.

2 (1) 왼쪽 끝이 맞추어져 있으므로 오른쪽 끝으로 가장 많이 나간 연필이 가장 깁니다.
　(2) 왼쪽 끝이 맞추어져 있으므로 오른쪽 끝으로 가장 적게 나간 크레파스가 가장 짧습니다.

step ② 원리탄탄 99쪽

1 ( )　　**2** ( )
　(○)　　　　(△)

3 (○)　　**4** ( )
　( )　　　　(△)
　( )　　　　( )

1 왼쪽 끝이 맞추어져 있으므로 오른쪽 끝으로 더 많이 나간 못이 더 깁니다.

2 오른쪽 끝이 맞추어져 있으므로 왼쪽 끝으로 더 적게 나간 파가 더 짧습니다.

3 오른쪽 끝이 맞추어져 있으므로 왼쪽 끝으로 가장 많이 나간 빗자루가 가장 깁니다.

4 왼쪽 끝이 맞추어져 있으므로 오른쪽 끝으로 가장 적게 나간 포크가 가장 짧습니다.

step ③ 원리척척 100~101쪽

1 (○)　　**2** ( )
　( )　　　　(○)

3 ( )　　**4** (△)
　(○)　　　　( )

5 ( )　　**6** (△)
　(△)　　　　( )

7 (○)　　**8** (△)
　(△)　　　　( )
　( )　　　　(○)

9 (○)　　**10** ( )
　(△)　　　　(△)
　( )　　　　(○)

step ① 원리꼼꼼 102쪽

원리 확인 ① (1) 높습니다　　(2) 낮습니다
　　　　　　(3) 큽니다

step ② 원리탄탄 103쪽

1 ( )(○)　　**2** ( )(○)( )
3 (○)( )　　**4** (△)( )

2 아래쪽이 맞추어져 있으므로 위로 가장 많이 올라간 사람이 가장 큽니다.

3 아래쪽이 맞추어져 있으므로 위로 더 높이 올라간 건물이 더 높습니다.

4 아래쪽이 맞추어져 있으므로 위로 더 적게 올라간 의자가 더 낮습니다.

step ③ 원리척척 104쪽

1 (○)( )　　**2** ( )(○)
3 ( )(○)　　**4** (○)( )

5 ( )(△) **6** (△)( )
7 ( )(△) **8** ( )(△)
9 ( )(○)(△) **10** ( )(△)(○)
11 (△)( )(○) **12** (○)(△)( )
13 (△)( )(○) **14** ( )(△)(○)
15 ( )(△)(○) **16** ( )(△)(○)
17 ( )(○) **18** (○)( )
19 (○)( ) **20** ( )(○)
21 (△)( ) **22** ( )(△)
23 ( )(△) **24** ( )(△)
25 (○)(△)( ) **26** ( )(○)(△)
27 ( )(○)(△) **28** ( )(△)(○)
29 (△)(○)( ) **30** (○)(△)( )
31 (○)(△)( ) **32** (△)( )(○)( )

3 손으로 들었을 때 백과사전이 가장 무겁습니다.

4 손으로 들었을 때 리모컨이 가장 가볍습니다.

---

step **3** 원리척척 110~111쪽

1 (○)( ) **2** (○)( )
3 ( )(○) **4** (○)( )
5 ( )(△) **6** (△)( )
7 (△)( ) **8** (△)( )
9 (△)( )(○) **10** (○)(△)( )
11 (△)(○)( ) **12** (○)( )(△)
13 (○)( )(△) **14** ( )(△)(○)
15 (○)( )(△) **16** (△)(○)( )

---

step **1** 원리꼼꼼 108쪽

원리확인 1 (1) 무겁습니다 (2) 가볍습니다

원리확인 2 (1) 코끼리 (2) 다람쥐
(3) 다람쥐, 코끼리

1 (1) 손으로 들었을 때 필통이 더 무겁습니다.
(2) 손으로 들었을 때 자가 더 가볍습니다.

2 (1) 가장 무거운 동물은 크기가 가장 큰 코끼리입니다.
(2) 가장 가벼운 동물은 크기가 가장 작은 다람쥐입니다.

---

step **1** 원리꼼꼼 112쪽

원리확인 1 (1) 넓습니다 (2) 좁습니다

원리확인 2 (1) 스케치북 (2) 사진

2 (1) 겹쳐 보았을 때 가장 많이 남는 부분이 있는 스케치북이 가장 넓습니다.
(2) 겹쳐 보았을 때 가장 많이 모자라는 부분이 있는 사진이 가장 좁습니다.

---

step **2** 원리탄탄 109쪽

1 (○)( ) **2** (△)( )
3 (○)( )( ) **4** ( )(△)( )

1 손으로 들었을 때 책가방이 더 무겁습니다.

2 손으로 들었을 때 풍선이 더 가볍습니다.

---

step **2** 원리탄탄 113쪽

1 (○)( ) **2** (△)( )
3 (○)( )( ) **4** ( )(△)( )

1 부채를 더 많이 펼친 것이 더 넓습니다.

2 겹쳐 보았을 때 모자라는 부분이 있는 종이가 더 좁습니다.

3 겹쳐 보았을 때 **500**원짜리가 가장 넓습니다.

4 겹쳐 보았을 때 수첩이 가장 좁습니다.

1 (○)(   )   **2** (   )(○)
3 (   )(○)   **4** (   )(○)
5 (   )(△)   **6** (   )(△)
7 (   )(△)   **8** (△)(   )
9 (   )(△)(○)   **10** (△)(○)(   )
11 (   )(△)(○)   **12** (   )(△)(○)
13 (△)(   )(○)   **14** (○)(△)(   )
15 (△)(   )(○)

원리 확인 1 (1) 적습니다   (2) 많습니다

원리 확인 2 다, 나

1 컵의 모양과 크기가 같으므로 주스의 높이를 비교합니다.
  (1) 주스의 높이가 더 낮은 가 컵의 주스가 더 적습니다.
  (2) 주스의 높이가 더 높은 나 컵의 주스가 더 많습니다.

2 세 컵의 높이가 같으므로 컵의 크기를 비교합니다. 컵의 크기가 클수록 담을 수 있는 양이 더 많습니다.

1 (○)(   )   **2** (   )(   )(△)
3 냄비, 밥그릇   **4** (△)(   )(   )

1 (○)(   )   **2** (   )(○)
3 (○)(   )   **4** (○)(   )
5 (○)(△)(   )   **6** (   )(○)(△)
7 (△)(   )(○)   **8** (   )(△)(○)
9 (○)(   )   **10** (   )(○)
11 (   )(○)   **12** (○)(   )
13 (○)(   )(△)   **14** (   )(△)(○)
15 (   )(△)(○)   **16** (○)(   )(△)

01 (○)   **02** (   )(○)
   (   )
03 (○)   **04** (   )(○)(   )
   (   )
   (   )
05 파인애플   **06** 무겁습니다
07 (   )(△)(   )   **08** (   )(   )(○)
09 (○)(   )   **10** (△)(   )
11 (○)(△)(   )   **12** 나
13 (○)(   )   **14** (   )(△)
15 (   )(△)(   )   **16** (1)(3)(2)

02 위로 더 적게 올라간 것이 더 낮습니다.

03 왼쪽 끝이 맞추어져 있으므로 오른쪽 끝의 길이를 비교해 봅니다.

07 기린, 병아리, 닭 중에 병아리가 제일 가볍습니다.

08 클립, 연필, 필통 중에 필통이 제일 무겁습니다.

11 두 물체를 직접 맞대어 봤을 때, 남는 부분이 있는 것의 넓이가 더 넓습니다.

14 그릇의 크기가 클수록 담을 수 있는 양이 더 많습니다.

단원평가

01 ·—·
·—·

02 · ·
✕
· ·

03 · ·
✕
· ·

04 · ·
✕
· ·

05 (○)
(△)
(   )

06 (   )(△)(○)

07 (   )(○)(   )

08 (   )(○)(   )

09 스케치북, 색종이

10 수첩

11 ㉡

12 (3)(2)(1)

05 왼쪽 끝이 맞추어져 있으므로 오른쪽으로 가장 많이 나온 자가 가장 길고, 가장 적게 나온 연필이 가장 짧습니다.

06 2개보다 많은 물건의 높이를 비교할 때에는 '가장 높다', '가장 낮다'로 나타냅니다.

07 무게를 비교할 때에는 직접 하나씩 들어보거나 양손에 들어서 비교합니다.

08 2개보다 많은 물건의 무게를 비교할 때에는 '가장 무겁다', '가장 가볍다'로 나타냅니다.

10 두 개씩 겹쳐서 넓이를 비교해 보면 사진첩은 공책보다 가장 넓고, 수첩은 공책보다 좁습니다.

12 그릇의 크기를 비교해 보면, 첫째 그릇이 가장 크고 셋째 그릇이 가장 작습니다.

5. 50까지의 수

원리 확인 **1** (1) **1**   (2) **10**

원리 확인 **2** (1) **1, 4**   (2) **14**

1 (1) **9**보다 **1** 큰 수를 **10**이라고 합니다.

2 (2) **10**개씩 묶음 **1**개와 낱개 **4**개를 **14**라고 합니다.

1 **4**

2 (1) ○ ○ / **2**   (2) ○ ○ ○ / **3**

3 (1) **12**, 십이   (2) **6, 16**, 십육

2 (1) 우유가 **8**개이므로 아홉, 열(또는 구, 십)까지
세면서 ○를 **2**개 그립니다.
   (2) 빵이 **7**개이므로 여덟, 아홉, 열(또는 팔, 구,
십)까지 세면서 ○를 **3**개 그립니다.

1 **10**, 십, 열   **2** **3**

3 **4**   **4** **10**

5 **5**   **6** **9**

7 **8**   **8** **13**

9 **14**   **10** **11**

11 **1, 5, 15**   **12** **1, 7, 17**

13 **13**, 십삼, 열셋   **14** **12**, 십이, 열둘

15 **15**, 십오, 열다섯   **16** **17**, 십칠, 열일곱

17 **14**, 십사, 열넷   **18** **18**, 십팔, 열여덟

19 **16**, 십육, 열여섯   **20** **19**, 십구, 열아홉

21 **12** / 많습니다, **12**, 큽니다

22 **17, 15** / 적습니다, **17**, 작습니다

23 **18, 14** / 많습니다, **14**, 큽니다.

원리 확인 **1** **9, 9, 18**

원리 확인 **2** **15, 9, 6**

1 **7, 7, 14**   **2** **15, 8, 7**

3 (1) **16**   (2) **11**

4 (1) **9**   (2) **10**

3 (1) **9**와 **7**을 모으기 하면 **16**입니다.
   (2) **5**와 **6**을 모으기 하면 **11**입니다.

4 (1) **13**은 **4**와 **9**로 가르기를 할 수 있습니다.
   (2) **19**는 **10**과 **9**로 가르기를 할 수 있습니다.

1 **14**   **2** **9, 13**

3 **4, 11**   **4** **12**

5 **12**   **6** **13**

7 **16**

8 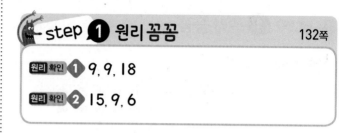 **7, 6**

9 **9**

10 **8**

11 8	12 7
13 9	14 10

step 1 원리 꼼꼼 136쪽

원리 확인 ① (1) 2, 20

(2)
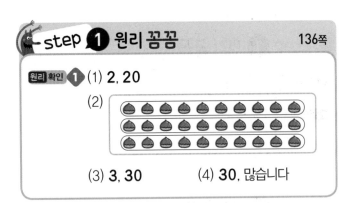

(3) 3, 30　　　(4) 30, 많습니다

1 도토리는 **20**개, 밤은 **30**개입니다.
30은 **20**보다 큽니다.
밤은 도토리보다 **10**개씩 묶음이 **1**개 더 많습니다.

step 2 원리 탄탄 137쪽

1 (1) **4**　　　(2) **5**
2 사십, 마흔
3 (1) **30**　　　(2) **5, 50**
　　(3) **30, 50**
4 (1) **30**　　　(2) **20**
　　(3) **40**　　　(4) **50**

2 **40**은 사십 또는 마흔이라고 읽습니다.

step 3 원리 척척 138~139쪽

1 2　　　　　　　　**2** 3
3 40, 마흔　　　　**4** 20, 이십
5 50, 쉰　　　　　**6** 1, 10, 십, 열
7 2, 20, 이십, 스물　**8** 4, 40, 사십, 마흔
9 3, 30, 삼십, 서른　**10** 5, 50, 오십, 쉰

step 1 원리 꼼꼼 140쪽

원리 확인 ① (1) **3**　　　(2) **5**
　　　　　　　(3) **35**
원리 확인 ② (1) **2**묶음　　(2) **7**개
　　　　　　　(3) **27**개

1 (3) **10**개씩 **3**묶음과 낱개 **5**개를 **35**라고 합니다.

2 (3) **10**개씩 묶음 **2**개와 낱개 **7**개를 **27**이라고 합니다.

step 2 원리 탄탄 141쪽

1 (1) **44**　　　(2) **8, 38**
2 삼십육, 서른여섯
3
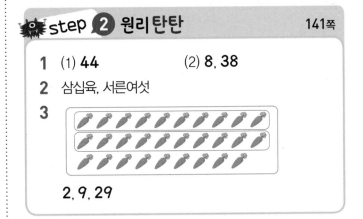

2, 9, 29

1 **10**개씩 ■묶음과 낱개 ▲개는 ■▲입니다.

2 **36**은 삼십육 또는 서른여섯이라고 읽습니다.

3 **10**개씩 묶음 **2**개와 낱개 **9**개를 **29**라고 합니다.

step 3 원리 척척 142~143쪽

1 1, 17　　　　　**2** 2, 6, 26
3 4, 5, 45　　　　**4** 3, 8, 38
5 4, 3, 43　　　　**6** 29, 이십구
7 42, 마흔둘　　　**8** 34, 서른넷
9 25, 이십오　　　**10** 48, 사십팔

step 1 원리 꼼꼼 144쪽

원리확인 1

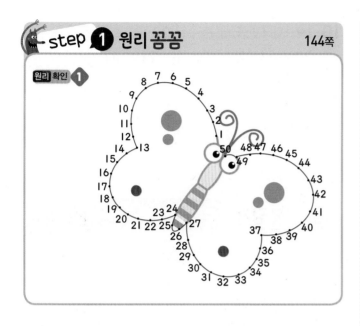

7	13, 15	8	22, 24
9	30, 32	10	39, 41
11	37, 39	12	48, 50
13	19	14	30
15	26	16	34
17	42, 43	18	48, 49

step 2 원리탄탄 145쪽

1

1	2	3	4	5	6	7	8	9	10
11	12	13	14	15	16	17	18	19	20
21	22	23	24	25	26	27	28	29	30
31	32	33	34	35	36	37	38	39	40
41	42	43	44	45	46	47	48	49	50

2 (1) 32 (2) 33
(3) 34

3 (1) 20, 23 (2) 43, 44

3 (1) 20부터 순서대로 쓰면 20, 21, 22, 23, 24입니다.
(2) 42와 45 사이의 수는 43, 44입니다.

step 3 원리척척 146~147쪽

1 9, 12 2 21, 24
3 25, 27, 29 4 36, 37, 40
5 44, 46, 48, 50
6

1	2	3	4	5	6	7	8	9	10
11	12	13	14	15	16	17	18	19	20
21	22	23	24	25	26	27	28	29	30
31	32	33	34	35	36	37	38	39	40
41	42	43	44	45	46	47	48	49	50

step 1 원리 꼼꼼 148쪽

원리확인 1 (1) 1, 2 (2) 21
(3) 21

원리확인 2 (1) 큽니다 (2) 작습니다

1 (3) 십 모형의 수가 더 많은 21이 더 큰 수입니다.

step 2 원리탄탄 149쪽

1 (1) 같고, 34 (2) 큽니다.
2 35, 42
3 (1) 30 (2) 46
4 (1)

1 (1) 34와 32는 10개씩 묶음의 수가 3으로 같습니다.
(2) 34는 낱개의 수가 4, 32는 낱개의 수가 2이므로 34가 더 큽니다.

2 42는 10개씩 묶음의 수가 4, 35는 10개씩 묶음의 수가 3이므로 35는 42보다 작습니다.

3 (1) 28은 10개씩 묶음의 수가 2, 30은 10개씩 묶음의 수가 3이므로 30이 더 큽니다.
(2) 46과 43은 10개씩 묶음의 수가 4로 같으므로 낱개의 수가 더 큰 46이 더 큽니다.

4 (1) **10**개씩 묶음의 수가 같으므로 낱개의 수를 비교하면 **24**가 더 작은 수입니다.
(2) **10**개씩 묶음 수를 비교하면 **36**이 더 작은 수입니다.

10 **19**보다 **1**만큼 더 큰 수는 **20**이고 **22**보다 **1**만큼 더 작은 수는 **21**입니다.

step ③ 원리척척   150~151쪽

1	25, 17, 17, 25	**2**	23, 33, 33, 23
3	42, 27, 27, 42	**4**	39, 37, 37, 39
5	20	**6**	41
7	38	**8**	45
9	31	**10**	36
11	11	**12**	31
13	34	**14**	26
15	19	**16**	29
17	35	**18**	26

step ④ 유형콕콕   152~153쪽

01 13   **02** 1, 7 / 17
03 19
04 (1) 십칠, 열일곱   (2) 십사, 열넷
05 2, 8 / 28   **06**

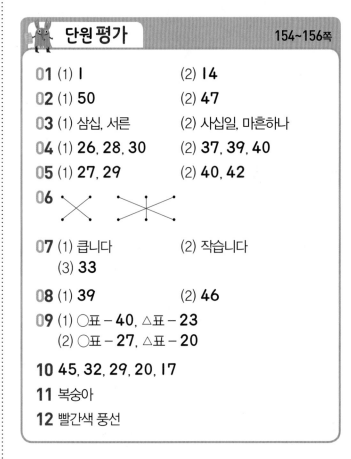

07 4, 3
08 (1) 37   (2) 24
  (3) 48   (4) 50
09 36개   **10** 20, 21
11 40, 42, 44, 45, 46, 48, 49, 50
12 (1) 14, 16   (2) 35, 37
13 35, 32   **14** (○)( )
15 (△)( )   **16** (△)( )(○)
17 28, 29, 30, 31

단원평가   154~156쪽

01 (1) 1   (2) 14
02 (1) 50   (2) 47
03 (1) 삼십, 서른   (2) 사십일, 마흔하나
04 (1) 26, 28, 30   (2) 37, 39, 40
05 (1) 27, 29   (2) 40, 42
06

07 (1) 큽니다   (2) 작습니다
  (3) 33
08 (1) 39   (2) 46
09 (1) ○표 – 40, △표 – 23
  (2) ○표 – 27, △표 – 20
10 45, 32, 29, 20, 17
11 복숭아
12 빨간색 풍선

08 (2) **10**개씩 묶음의 수가 같을 때에는 낱개의 수가 큰 **46**이 더 큰 수입니다.

10 **10**개씩 묶음의 수를 비교하고, **10**개씩 묶음의 수가 같으면 낱개의 수를 비교합니다.

12 **42**는 **25**보다 크고 **27**도 **25**보다 크므로 가장 적은 풍선을 빨간색 풍선입니다.

MEMO

정답과
풀이